生态循环农业实用技术系列丛书

总主编 单胜道 隗斌贤 沈其林 钱长根

虾蟹壳再利用

实用技术

肖丽娜 肖 云 张正阳 主编

U0238536

中国农业出版社

生态循环农业实用技术系列丛书

总主编 单胜道 隗斌贤 沈其林 钱长根

《节约集约农业实用技术系列丛书》
编 辑 委 员 会

主编 单胜道 沈其林 钱长根

编委（按姓氏笔画排序）

王李宝 任 萍 庄应强 李晓丹 吴湘莲

沈其林 单胜道 施雪良 秦国栋 钱长根

徐 坚 高春娟 黄凌云 黄锦法 寇 舒

屠娟丽 楼 平 虞方伯

节约集约农业实用技术系列丛书

- 设施农业物联网实用技术
- 大中型沼气工程自动化实用技术
- 果园间作套种立体栽培实用技术
- 湿地农业立体种养实用技术
- 瓜果类蔬菜立体栽培实用技术
- 农业生产节药实用技术
- 测土配方施肥实用技术
- 水肥一体化实用技术

农业废弃物循环利用实用技术系列丛书

- 秸秆还田沃土实用技术
- 作物秸秆栽培食用菌实用技术
- 秸秆生料无农药栽培平菇实用技术
- 秸秆资源纤维素综合利用实用技术
- 秸秆能源化利用实用技术
- 秸秆切碎及制备固体成型燃料实用技术
- 蚕桑生产废弃物资源化利用实用技术
- 桑、果树废枝栽培食用菌实用技术
- 虾蟹壳再利用实用技术
- 沼液无害化处理与资源化利用实用技术
- 生物炭环境生态修复实用技术
- 屠宰废水人工湿地处理实用技术

《虾蟹壳再利用实用技术》
编　委　会

主　　编　肖丽娜　肖　云　张正阳

编写人员　肖丽娜　肖　云　张正阳　单胜道

　　　　　　岑沛霖

编写单位　嘉兴职业技术学院

　　　　　　美国孟菲斯大学

　　　　　　美国莱特诺大学

　　　　　　浙江科技学院

　　　　　　浙江大学

丛书序一

当今世界，人口快速增长、气候极端变化已成为国际社会关注的焦点和人类必须面对的重大课题。在此大背景下，世界各国纷纷推行绿色新政，绿色经济、循环经济、低碳经济正成为全球经济的发展趋势。综观世界农业发展历程，经历了从传统农业向石油农业、化学农业跨越的发展阶段，虽然极大地提高了农业生产力，但同时也带来严峻的挑战，化学物质的过度使用已成为环境污染、生态退化的助推因素之一。为此，世界农业正孕育着发展理念的重大变革，低碳农业、有机农业、白色农业（微生物产业）等体现生态循环经济理念的新兴业态，正在全球逐步兴起，并成为引领农业发展的趋势所向。需要引起我们特别关注的是，许多国家特别是发达国家，借助绿色革命全球化的大趋势，又进一步构筑了新的绿色壁垒，不仅要求进口产品优质安全，而且对产地环境、生产过程提出了更高、更苛刻的要求。

2013年中央农村工作会议指出："小康不小康，关键看老乡。"目前我国农业还是"四化同步"的短腿，农村还是全面建成小康社会的短板。中国要强，农业必须强；中国要美，农村必须美；中国要富，农民必须富。农业基础稳固，农村和谐稳定，农民安居乐业，整个大局就有保障，各项工作都会比较主动。并明确要加快推进农业现代化，努力走出一条生产技术先进、经营规模适度、市场竞争力强、生态环境可持续的中国特色新型农业现代化道路。

发展生态循环农业，按照减量化、再利用、资源化的原则，构建资源节约、环境友好的农业生产经营体系，既有利于应对气候变化，也有利于提升农产品的国际竞争力。生态循环农业以生态学原理及其规律为指导，不断提高太阳能的固定率、物质循环的利用率、生物能的转化率并以资源的高效利用和循环利用为核心，以低消耗、低排放、高效率为基本特征，切实保护和改善生态环境，防止污染，维护生态平衡，变农业和农村经济的常规发展为持续发展，把环境建设同经济发展紧密结合起来，在最大限度地满足人们对农产品日益增长的需求的同时，使之达到生态系统的结构合理、功能健全、资源再生、系统稳定、管理高效、发展持续的目的。生态循环农业是农业发展方式的重大革新，是综合运用可持续发展思想、循环经济理论和生态工程学方法，以资源节约利用、产业持续发展和生态环境保护为核心，通过调整和优化农业的产业结构、生产方式和消费模式，实现农业经济活动与生态良性循环的可持续发展。

发展生态循环农业，可以针对我国地域辽阔，各地自然条件、资源基础、社会与经济发展水平差异较大的情况，充分吸收我国传统农业精华，结合现代科学技术，以多种生态模式、生态工程和丰富多彩的技术类型装备农业生产，使各区域都能扬长避短，充分发挥地域优势，保证各产业都能根据社会需要与当地实际协调发展。可以运用物质循环再生原理和物质多层次利用技术，通过物质循环和能量多层次综合利用和系列化深加工，实现较少废弃物的生产和提高资源利用效率，实行废弃物资源化利用，降低农业成本，提高效益，为农村大量剩余劳动力创造农业内部就业机会，保护农民从事农业的积极性。因此，完善生态循环农业模式，推广生态循环农业实用技术，对加快我国农业发展具有极其重要的现实意义。

然而，生态循环农业技术的开发与推广应用具有很强的外部性，它不仅能产生明显的经济效益，还会带来巨大的生态效益和社会效益，但这种外部性却很难内化为从事生态循环农业技术研究开发和推广应用部门的直接收益。因而，目前其研发和推广应用的动力仍显不足，不仅原有的优良传统技术没有得到很好发展，而且有自主知识产权并具有良好适用性和较高推广应用价值的实用技术较为缺乏。生态循环农业关键技术特别是农业生产资源节约集约利用、农业废弃物循环利用等方面的实用技术集成创新与推广应用滞后，极不利于我国农业的可持续发展。

欣喜"生态循环农业实用技术系列丛书"的问世，它首先贯彻了党的十八大绿色发展、循环发展、低碳发展的生态文明建设精神，同时符合中国现代农业科技发展之需求，也弥补了当今广大农村在实施生态循环农业中实用技术集成创新与推广的欠缺。

相信"生态循环农业实用技术系列丛书"的出版，能够有助于加快推进生态环境可持续的中国特色新型农业现代化的发展。

中国工程院 院士
国际欧亚科学院 院士

2014 年 4 月 18 日

丛 书 序 二

从 20 世纪 80 年代开始，部分发达国家提出了生态农业概念，引起了世界各国的普遍重视。相对于传统农业而言，生态循环农业更加注重将农业经济活动、生态环境建设和倡导绿色消费融为一体，更加强调产业结构与资源禀赋的耦合、生产方式与环境承载的协调，是实现农业的经济、社会、生态效益有机统一的有效途径。生态循环农业是按照生态学原理和经济学原理，运用现代科学技术成果和现代管理手段，以及传统农业的有效经验建立起来的，它不是单纯地着眼于当年的产量和经济效益，而是追求经济效益、社会效益、生态效益的高度统一，使整个农业生产步入可持续发展的良性循环轨道。生态循环农业强调发挥农业生态系统的整体功能，以大农业为出发点，按"整体、协调、循环、再生"的原则，全面规划，调整和优化农业结构，使农、林、牧、副、渔各业和农村一、二、三产业综合发展，并使各业之间互相支持，相得益彰，提高综合生产能力。生态循环农业是伴随着整个农业生产的不断发展而逐步形成的一种全新农业发展模式。加快生态循环农业发展，既要注重总结与推广我国传统农业中属于生态农业的经验和做法，如：合理轮作、种植绿肥、施用有机肥等，还要加强研究与大力推广先进的生态循环农业新技术，如：为了减少白色污染而研制的光解膜、生物农药、生物化肥、秸秆还田、节水灌溉等。

　　加快发展生态循环农业，走资源节约、生态保护的发展路子，既有利于实现农业节能减排，减轻对环境的不良影响，又有利于改善农产品品质，提升产业发展水平，更好地将生态环境优势转化为产业和经济优势，满足城乡居民对农业的物质产品、生态产品和文化产品的需求，为农民增收开辟新的渠道。发展生态循环农业，通过优化农业资源配置，推行节约集约利用，有利于防止掠夺式生产带来的资源过度消耗；通过农业废弃物的资源化利用，有利于改善和保护生态环境，缓解环境承载压力，增强农业发展的协调性和可持续性。

　　2014 年中央 1 号文件《关于全面深化农村改革加快推进农业现代化的若干意见》明确提出，要以解决好地怎么种为导向加快构建新型农业经营体系，以解决好地少水缺的资源环境约束为导向深入推进农业发展方式转变，以满足吃得好吃得安全为导向大力发展优质安全农产品，努力走出一条生产技术先进、经营规模适度、市场竞争力强、生态环境可持续的中国特色新型农业现代化道路。同时明确指出，要加大农业面源污染防治力度，支持高效肥和低残留农药使用、规模养殖场畜禽粪便资源化利用、新型农业经营主体使用有机肥、推广高标准农膜和残膜回收等试点，促进生态友好型农业发展。

　　为了适应我国农业发展的新形势以及中央关于农业和农村工作的新任务、新要求，"生态循环农业实用技术系列丛书"编写委员会组织有关高等院校、科研机构、推广部门、涉农企业等近 30 家单位长期从事生态循环农业技术研发的100 多位技术研究和推广人员，从农业生产资源节约集约利用、农业废弃物循环利用两大方面着手，选定 20 个专题进行了深入的理论研究与广泛的实践应用试验，形成了 20 部"实用技术"书稿。我相信此套丛书的出版，必将为加快我国生态环境可持续的特色新型农业现代化发展注入新的活力并发挥积极作用。

中国工程院院士 方智远

2014 年 4 月 22 日

丛 书 前 言

　　农业作为自然再生产与经济再生产有机结合的产业，离不开自然资源和生态环境的有效支撑。我国农业资源禀赋不足，且时间、空间分布上很不均衡，受经营制度、生产习惯等多种因素的影响，农业小规模分散经营，单纯依靠资源消耗、物质投入的粗放型生产方式尚未根本转变。随着经济社会的快速发展和人们生活水平的不断提高，城乡居民对农业的产品形态、质量要求发生深刻变化，既赋予了农业更为丰富的内涵，也提出了新的更高要求。在资源环境约束、消费需求升级、市场竞争加剧的多重因素逼迫下，我们正面临转变发展方式、推进农业转型升级的重大任务。随着工业化、城市化的快速推进以及农业市场化的步伐加快，农业受到资源制约和环境承载压力越来越突出，保障农产品有效供给、促进农民增收和实现农业可持续发展，更加有赖于有限资源的节约、高效、循环利用，有赖于生态环境的保护和改善，以增加资源要素投入为主、片面追求面积数量增长、污染影响生态环境的粗放型生产经营方式已难以为继。发展生态循环农业，运用可持续发展思想、循环经济理论和生态工程学的方法，加快构建资源节约、环境友好的现代农业生产经营体系，是顺应世界农业发展的新趋势和现代农业发展的新要求，是转变发展方式、推进农业转型升级的有效途径，是改善生态环境、建设生态文明的现实举措。发展生态循环农业，有助于突破资源瓶颈制约，开拓农业发展新空间；有助于协调农业生产与生态关系，促进农业可持续发展；有助于推进农业产业融合，拓展农业功能，推动高效生态农业再拓新领域、再创新优势，为农业和农村经济持续健康发展奠定良好的基础。

为了加快生态循环农业技术集成创新，促进新型实用技术推广与应用，推动农业发展方式转变与产业转型升级，实现农业的生态高效与可持续发展。由浙江科技学院、嘉兴职业技术学院、浙江农林大学、浙江省农业生态与能源办公室、浙江省科学技术协会、浙江省循环经济学会共同牵头，邀请浙江大学、中国农业科学院、上海交通大学、浙江省农业科学院、浙江理工大学、浙江海洋学院、江苏省中国科学院植物研究所、温州科技职业学院、浙江省淡水水产研究所、江苏省海洋水产研究所、嘉兴市农业经济局、嘉兴市农业科学研究院、泰州市出入境检验检疫局、嘉兴市环境保护监测站、绍兴市农村能源办公室、上海市奉贤区食用菌技术推广站、乐清市农业局特产站、温州市蓝丰农业科技开发中心等近30家单位长期从事生态循环农业技术研究与推广的100多位专家，合作开展生态循环农业实用技术研发及系列丛书编写，并按农业生产资源节约集约利用实用技术、农业废弃物循环利用实用技术2个系列分别进行技术集成创新与专题丛书编写。在全体研发与编写人员的共同努力下，研究工作进展顺利并取得了一系列的成果：发表了400余篇论文，其中SCI与EI收录110多篇；获得了500多个授权专利，其中发明专利60多个；编写了《农业生产节药实用技术》《湿地农业立体种养实用技术》《水肥一体化实用技术》《设施农业物联网实用技术》《秸秆还田沃土实用技术》《生物炭环境生态修复实用技术》《沼液无害化处理与资源化利用实用技术》《桑、果树废枝栽培食用菌实用技术》《屠宰废水人工湿地处理实用技术》《蚕桑生产废弃物资源化利用实用技术》等系列丛书20分册，其中"节约集约农业实用技术系列丛书"8册、"农业废弃物循环利用实用技术系列丛书"12册。

生态循环农业实用技术研发与系列丛书编写工作的圆满完成，得益于浙江省委农办、浙江省农业厅有关领导的亲切关怀和大力支持，也得益于浙江大学、中国农业科学院、上海交通大学、浙江省农业科学院、浙江理工大学、浙江海洋学院等单位领导的全力支持与积极配合，更得益于全体研发与编写人员的共同努力和辛勤付出。在此，向大家表示衷心的感谢，并致以崇高的敬意！另外，还要特别感谢中国工程院院士、国际欧亚科学院院士金鉴明先生和中国工程院院士方智远先生的精心指导，并为丛书作序。

由于时间仓促，编者水平有限，丛书中一定还存在着的许多问题和不足，恳请广大读者批评指正！

编委会

2014 年 3 月

前　言

我国是水产品生产大国，目前的水产品产量居世界第一。在水产品中，容易直接获取的资源中最多的是海洋节肢动物的虾、蟹外壳，每年的收集量在几十万吨。由虾、蟹壳生产的甲壳素和壳聚糖，以其独特的理化特性和生物学功能，已成为当今世界多糖领域研究的热点。

20世纪90年代以来，我国的甲壳素和壳聚糖的研究生产蓬勃发展，生产方法不断改进，产品质量也不断提高，我国已经成为甲壳素和壳聚糖的生产和出口大国。对于甲壳素和壳聚糖的应用研究也取得了较大的进展，在农业领域、医药卫生、食品工业、印染加工、精细化工等领域取得了创新性的发展。

虾、蟹壳是水产工业的固体废弃物，随意堆放会造成环境污染，然而虾、蟹壳也是天然的生物资源，对其开发利用蕴藏着巨大的潜力。首先，可以对虾、蟹壳这种生物资源进行深度开发加工，优化加工结构，提高产品质量，提高附加值，增加经济效益；其次，对废弃物虾、蟹壳进行综合利用、科学加工，可变废为宝，减少环境污染。

浙江省是沿海省份，海岸线长，江河湖海纵横交错，水产品加工工业发达，具有丰富的甲壳素和壳聚糖资源。因此，有效利用这一资源，减少环境污染，对浙江省经济发展很有意义。

在浙江省循环经济学会组织下，我们编写了这本书。本书结合我们的研究，介绍了虾、蟹壳生产甲壳素和壳聚糖的方法及工艺，以及壳聚糖的能源资源综合利用生产方法；结合国内外的研究应用，讨论了甲壳素和壳聚糖在医药领域、食品工业、纺织印染、农业领域、造纸工业、废水处理等方面的应用，介绍了壳低聚糖的生产及应用。由于壳聚糖的生产涉及学科专业较多，发展速度较快，加之作者水平有限，疏漏之处难免，敬请读者批评指正。

编　者

2014 年 8 月

目　录

第一章 沿海虾、蟹壳再利用新理念

第一节 虾、蟹壳等甲壳类物质的存在

虾、蟹等节肢动物的外壳，也称甲壳，是地球上最丰富的有机资源之一。全世界每年产生的甲壳类资源约 100 亿吨，是地球上仅次于纤维素的含氮有机化合物。

在海洋中，主要的虾、蟹壳类动物就有 2 万多种，内陆江、河、湖泊中甲壳类资源也相当丰富。这些资源是重要的水产品，其中包括龙虾、对虾、毛虾等虾类，河蟹、梭子蟹等蟹类，还有各种贝类，它们肉质鲜美，是人们日常生活中的美味佳肴。但这些水产品的不可食部分，常常被当作废物丢弃。在沿海的村镇周围及水产加工厂附近，常常可看到随处堆放的虾、蟹壳等甲壳类废弃物，气味难闻，环境污染。

我国海域辽阔，甲壳类资源非常丰富，可以利用的数量也非常可观。近些年来，随着淡水及海水虾、蟹养殖产量的增加，每年有大量的虾、蟹壳产生，仅对虾加工中的废弃物——虾头外壳，就有 1 万多吨。这些大量的虾、蟹壳副产品，一部分用于饲料添加剂，少部分制取甲壳质，绝大部分扔掉，造成资源浪费、环境污染。目前，沿海江苏、浙江、上海地区，虽然有一部分工厂以虾、蟹壳为原料生产化工产品，也有一些企业生产甲壳素及壳聚糖，但大部分的虾、蟹壳还是被丢弃掉，对甲壳类资源并未得到很好的利用。

近年来，许多国家对于甲壳类资源的研究利用发展很快，尤其对甲壳类资源生产甲壳素及壳聚糖、壳低聚糖的研究及应用都

有非常好的发展。我国20世纪90年代，甲壳类资源产品开始迅速发展。随着甲壳素、壳聚糖、壳低聚糖的研究进展，已经发现它在现代生产生活中有非常广泛的用途，在医药、食品、纺织、农业、环境等方面都有不可替代的作用。近年来，欧、美等国每年从中国进口近千吨的甲壳素及壳聚糖，用以生产高品级的壳聚糖产品。我国"十一五"规划也有海洋生物制品的开发、利用，重点研究功能性医用材料、海洋生物药品、新型农药、植物生长剂等内容。由此可见，甲壳素及壳聚糖在人们的生产、生活中将发挥更加重要的作用，甲壳类资源的利用也越来越广泛。

第二节　甲壳类物质的利用价值

虾、蟹壳的主要成分是甲壳质，甲壳质（chitin）是甲壳素和壳聚糖的总称，是一种天然高分子化合物。甲壳质是地球上第二大有机资源，广泛存在于虾、鳖等甲壳生物的外壳中，年生成量仅次于植物纤维素，是含氮多糖类天然生物活性物质，是人体所必需的除糖、蛋白质、脂肪、维生素及矿物质以外的第六生物要素。甲壳质虽然不能直接食用，但其衍生物在食品工业中应用非常广泛，并可直接用于制造各种海洋食品，是一种重要的食品添加剂。

目前的研究发现，从虾、蟹壳等甲壳类物质中提取的甲壳质，是天然高分子有机化合物，也是地球上除蛋白质外数量最多的有机化合物。甲壳素是由N-乙酰-2-氨基-2-脱氧-D-葡萄糖（简称N-乙酰-氨基-葡萄糖），以1，4-糖苷键连接而成的多糖，经过脱去乙酰基的作用，成为壳聚糖。

甲壳素虽然存在量大，但自然界中甲壳素的存在，是在各种各样的甲壳类动物死亡、腐烂成为肥料的同时释放出甲壳素，而并非单独的存在，往往与其他物质一起构成复杂的物质，并且甲壳素在自然界经过降解和脱乙酰基的过程，产生不同分子量的甲壳素和不同分子量、不同脱乙酰度的壳聚糖。在自然界广阔的田野、草原、森林中，都有甲壳素和壳聚糖的存在，但沙化的土壤很少有甲壳素和壳聚糖的存在。

甲壳素作为自然界数量很多的含氮天然有机高分子，在地球生物圈中甲壳素酶、溶菌酶和壳聚糖酶等的生物降解下，参与生态体系的碳和氮源循环，对地球环境和生态系统的保护起着重要的协调作用。

尽管自然界存在大量的甲壳素，生物合成的甲壳质资源每年约有 1 000 亿吨，但全世界每年获得的甲壳素只有几十万吨，目前全世界能生产出来的甲壳素也只有几万吨。

20 世纪 80 年代后期，我国甲壳素的研究和生产出现一个热潮。90 年代以后，我国沿海地区出现了一些甲壳素生产厂，目前，我国甲壳素和壳聚糖生产量接近世界产量的一半，我国已成为甲壳素和壳聚糖生产和出口大国。

我国具有丰富的壳聚糖和甲壳素来源，发展甲壳素和壳聚糖产业具有得天独厚的优势条件，市场潜力大，前景非常好。

目前，国内对壳聚糖的需求势头旺盛，甲壳素和壳聚糖的应用范围不断扩大。近些年来，随着各国对甲壳素和壳聚糖的认识不断提高和应用研究的进一步深化进行，甲壳素和壳聚糖已应用于许多领域中，其中化妆品，保健品，食品工业等行业对壳聚糖的需求增长最快；医药、化工、造纸、农业、环保、轻纺等领域中甲壳素和壳聚糖正在得到广泛的应用。

据了解，目前甲壳素的市场售价约为每吨 4.5 万元，经进一步加工制得的壳聚糖价格为每吨 15 万元，而其原料的湿虾壳仅为每吨 200 元。结合其他成本，按照这样测算，建设一套年产食品工业级壳聚糖生产装置，其利润非常可观。

由于甲壳素和壳聚糖无味、无毒、可被降解，不会造成环境污染，因此它有广泛的用途。

在医药工业中，甲壳素是继蛋白质、脂肪、糖、维生素和微量元素之后的生命第六要素；壳聚糖的用途之一是作为辅助性的治疗药剂及功能性保健品的添加剂。甲壳素和壳聚糖作为生物相容性很好的可降解材料，可制成手术缝合线、人造血管和人工皮肤等医疗产品；在药学领域，它具有抗癌、抑制癌细胞毒素的作用，有促进伤口愈合的功效；在保健方面，它具有活化细胞，抑制老化，恢复器官功能的作用，还有降胆固醇并可调节体内胆固醇成为适当值的优异功能，以及降压、降糖、抗凝等作用。壳聚糖对人体各种生理代谢具有广泛调节作用，可强化人体免疫功能，对甲亢、更年期综合征、肝炎、肾炎等有辅助治疗效果。

在食品工业中，它可以作为絮凝剂，加速固液分离，增强液体的透明度或从液体中分离出固体微粒，以提高固体产品的得率。这部分应用已经在糖类、酒类、婴儿食品生产中得到广泛应用。

在纺织工业中，将纺织物用壳聚糖整理剂处理烘干后，纤维表面可形成一层十分牢固的保护膜，使纺织物具有耐热、耐磨、防皱、防缩等性能。纺织物在印花染色后再涂上一层甲壳素的固色剂，可使纺织物不退色，能够改善色调，提高染料的附着牢度。

在造纸工业中，壳聚糖是一种典型的阳离子型絮凝剂，用絮凝方法分离造纸废液中的溶解木素，是造纸废液综合利用的新途径，在适宜的条件下，对废液中的固形物、有机物、无机物、COD等都有较高的去除率，明显优于聚合氯化铝和明矾等净水剂。壳聚糖不但可除去水中悬浮物，而且可除去水中对人体有害的重金属离子，而且过量的壳聚糖对人体无害，对中小造纸厂有一定的适用性。

在废水处理工业中，由于其絮凝作用很强，无毒，不产生二次污染，并可以生物降解。因此，它主要用作金属离子螯合剂和活性污泥絮凝剂。

目前，甲壳素及壳聚糖的应用非常广泛，我们将在后面章节详细讨论。

第三节　甲壳类物质的经济效益

从虾、蟹壳中提取甲壳素必须考虑经济效益，要结合当地资源，考虑技术条件，还要考虑降低原料成本等问题。

如果是在水产品加工厂或附近，原料虾、蟹壳的来源无需成本。如果距离远，就要考虑运费，不仅增加了成本，而且原料长途运输也不新鲜，影响产品质量。

在制取甲壳质过程中，应预先将虾、蟹壳原料中残留的蛋白质除去，最好用机械方法除去，这样就不必消耗大量碱液去除蛋白质。在反应过程中，如果原料经过机械粉碎后消耗碱液少，则应将原料粉碎使用。

工艺过程是降低成本的关键，工艺设计要保证高产量和高质量的产品，又要尽可能减少水耗、能耗、酸耗、碱耗。要根据用户对产品的不同要求，生产不同级别的甲壳素和壳聚糖。工艺过程也要考虑环保、绿色的原则，采用资源化生产技术，物料循环使用。如在工艺设计过程中，酸、碱尽量循环使用、综合利用，减少浪费与环境污染。要循环利用能源，合理利用溶液热量，在工艺设计中对循环水的热量合理利用，充分达到节约能源和资源化生产的目的。

生产过程中的副产品利用是重要的环节，利用好副产品可降低生产成本。在甲壳素的生产过程中，产生大量的蛋白质和钙盐，每吨蟹壳可产生约 130 千克的甲壳蛋白质和数百千克的钙盐，这些副产品都有非常好的经济效益。

甲壳素产品还可进行深度加工，一些以甲壳素、壳聚糖进行开发的衍生物应用前景非常好，如甲壳素、壳聚糖的羧化衍生物、酰化衍生物、烷基化衍生物、季铵盐衍生物、羟基化衍生物、糖类衍生物、酯化衍生物等，在工业、农业、医药等领域的应用越来越普遍，前景非常广泛。

全世界每年由生物合成的甲壳素约为 100 亿吨，可提取壳聚糖 20 亿吨以上。在欧洲及美国的营养学界称壳聚糖为六大要素之一，并投入大量人力、物力、财力研制开发生产以壳聚糖为主要原料的第四代保健食品。

甲壳素及壳聚糖在国际市场上供不应求，仅美国、日本每年甲壳素及壳聚糖的消费量就分别高达 400 吨和 2 000 吨，这一半以上需要是通过进口来满足国内市场的需求。

由于国际市场壳聚糖需求趋旺，日本和美国等国从我国大量购买甲壳素及壳聚糖粗品，生产壳聚糖精品和壳聚糖衍生物，再以高科技产品返销我国，成倍获取利润。所以，生产具有特殊应用方向的壳聚糖精品是我们研究开发的主要方向。

第二章 虾、蟹壳制备甲壳素的方法

第一节 甲壳素的性质

甲壳素是一种多糖（多聚乙酰氨基葡萄糖），结构与纤维素相似，甲壳素是由 N-乙酰-2-氨基-2-脱氧-D-葡萄糖（简称 N-乙酰-氨基-葡萄糖），以 β-1,4-糖苷键连接而成的多糖，化学结构如下：

甲壳素　　　　　　　　　　　　壳聚糖

甲壳素是一种高分子物质，其分子量约为 $1 \times 10^6 \sim 2 \times 10^6$，是由 N-乙酰 α-氨基-D-葡萄糖胺以 β-1,4 糖苷键联结而成的含氮多糖。它是一种灰白色、半透明片状固体，无味、无毒，耐热、耐晒、耐腐蚀，不怕虫蛀，不溶于水、稀酸、稀碱和一般有机溶剂，可溶解在浓硫酸、浓盐酸、磷酸中，并且同时发生降解。经过浓碱处理或其他方法脱去其分子中的乙酰基后，它才可能溶解于稀酸中，成为可溶性的甲壳素，即壳聚糖。

甲壳素中的乙酰胺基一般不易完全脱除，甲壳素脱乙酰化的产物是壳聚糖；工业壳聚糖分子链通常含有 15%～20%的乙酰胺基;壳聚糖是甲壳素的重要衍生物。

由于甲壳素含有多种官能团,所以有极强的反应活性,可进行酰基化、磺化、烷基化、羧甲基化、硝化、卤化、氧化、还原、络合等多种反应,生成许多不同的衍生物,这些衍生物的性质不同,用途也各不相同。

虾、蟹壳是提取甲壳素的主要原料,一般虾壳中的甲壳素含量约 14%～25%,蟹壳中的含量约 10%～25%。甲壳素的质量从外观可以判断,外观越白质量越好,如在加工过程中蛋白质脱除不尽,产品颜色会偏黄,优质甲壳素的颜色是纯白色的。

第二节　甲壳素的制备原理

制备甲壳素的主要过程是脱钙和脱蛋白质。

虾、蟹壳中含有大量的无机盐,主要化学成分是碳酸钙、碳酸镁、磷酸钙等,以及微量的铅、汞、锰、砷、铁等,这些金属的盐酸盐都能溶于水。因此,选用盐酸浸泡虾、蟹壳时,甲壳中的碳酸钙等转化成盐酸盐而溶解于水中,再通过洗涤、分离等过程可除去甲壳中的无机盐。碳酸钙转化成氯化钙而溶于水中,同时产生碳酸,碳酸不稳定,分解为二氧化碳气体和水:

$$CaCO_3 + 2HCl \rightarrow CaCl_2 + H_2CO_3$$
$$H_2CO_3 \rightarrow CO_2 \uparrow + H_2O$$

虾、蟹壳中也有大量蛋白质,蛋白质是两性化合物,既能溶于酸,也能溶于碱,相比较而言,在碱中溶解的要快一些,也溶解的完全一些。同时,蛋白质在碱液中水解稍慢一点,而在酸液中水解稍快一点。所以,在用稀酸浸泡虾、蟹壳时,会有一部分蛋白质溶解出来;用稀碱溶液浸泡时,可将虾、蟹壳中的蛋白质全部溶解萃取出来。再经过一些处理,剩下来的就是甲壳素。

第三节　甲壳素的生产方法

一、蟹壳制取甲壳素的方法

（一）方法一

见图 2-1。

```
      10%～15%HCl      10%HCl        1%KMnO₄
      5～10 小时        5 小时         1～2 小时
            ↓            ↓             ↓
蟹壳→预处理→浸酸、水洗→碱煮→浸酸、脱钙→碱煮→脱色→还原→水洗、干燥→甲壳素
                  ↑            ↑             ↑
      8%～10%NaOH      8%NaOH       1%～1.5%还原剂
      2～3 小时         2～3 小时
```

图 2-1　蟹壳制取甲壳素的方法一

虾、蟹壳的基本化学成分是碳酸钙、磷酸钙，钙质占 70%～80%，蛋白质占 10%～20%，甲壳质占 5%～10%。生产甲壳素的工艺过程也是根据原料中的成分、性质、含量，用化学方法分别除去非甲壳质的成分，制得纯品甲壳素。

（1）预处理　在选择原料时，应选用新鲜的蟹壳原料，腐败的原料会影响甲壳素的质量和收率。将蟹壳去除残肉，清洗干净。如果短时间内加工不了的新鲜原料，可先清洗干净，晒干后储藏。

（2）浸酸、水洗　浸酸过程使用的盐酸可以用工业盐酸或废盐酸，这样可以降低成本。一般蟹壳用 10%～15% 的盐酸，浸泡 5～10 小时，脱除碳酸钙等，使之变成氯化钙随溶液排出。浸酸过程中要经常搅拌，如发现已无气泡产生，但原料并未浸软，说明酸量不足，应补充酸液，或重新浸在新的酸液中。当原料全部软化，不再有气泡产生，浸酸过程完成。将原料取出，用水洗至中性。这个过程除去原料中的碳酸钙、磷酸钙和硝酸钙。

（3）碱煮　碱煮是为了除去蛋白质和油脂，通常用 8%～10% 的氢氧化钠溶液煮沸，碱煮时要不断搅拌，时间约 2～3 小

时，蛋白质逐渐被溶解，与甲壳素分离，油脂经碱煮皂化溶解在碱液中。碱煮过程也破坏了部分色素，使颜色变浅。原料经过碱煮后，质地变软，取出后用水洗净碱液，也可以先加入盐酸中和碱液，再用水洗，这样可以节约用水，也可以缩短洗涤时间。

（4）浸酸、再脱钙　用 10％的盐酸，浸泡 5 小时，继续脱除碳酸钙、磷酸钙，使变成氯化钙随溶液排出。这个过程要经常搅拌。将原料取出，用水洗至中性。

（5）碱煮　通常用 8％的氢氧化钠溶液继续煮沸，并不断搅拌，时间约 2～3 小时，蛋白质继续溶解，与甲壳素分离，油脂经碱煮皂化溶解在碱液中。原料质地变软，取出后用水洗净碱液。

（6）脱色　由于虾、蟹壳中含有虾红素，在虾、蟹煮后变为红色，经过浸酸和碱煮的过程，并没有完全破坏虾红素，所以，碱煮后的原料需用高锰酸钾进行氧化脱色。将洗净的软壳压榨除去水分，用 1％的 $KMnO_4$ 浸泡，浸泡 1～2 小时后，用水洗去软壳上的 $KMnO_4$。

（7）还原　经过前一步 $KMnO_4$ 处理后的原料软壳，还需要用还原剂才能完全去掉 $KMnO_4$ 附着的紫色，通常用的还原剂有硫代硫酸钠、亚硫酸氢钠、草酸等。还原剂的浓度为 1％～1.5％，这个过程中应将原料软壳不断翻动，使脱色均匀完全。

（8）水洗、干燥　将脱色后的软壳取出，用水洗净，干燥，即得到不溶性的甲壳素。

（二）方法二

见图 2-2。

（1）预处理　选用新鲜的蟹壳原料，将蟹壳去除残肉，清洗干净。

（2）浸碱　碱煮除去蛋白质和油脂，通常用 8％～10％的氢氧化钠溶液煮沸，碱煮时要不断搅拌，时间约 1～2 小时，蛋白质逐渐被溶解，与甲壳素分离。碱煮过程也破坏了部分色素，使颜色变浅。原料经过碱煮后，质地变软，取出后用水洗净碱液。

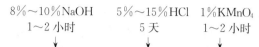

$8\%\sim10\%NaOH$　　$5\%\sim15\%HCl$　$1\%KMnO_4$
$1\sim2$ 小时　　　　　　5 天　　　　　　$1\sim2$ 小时
　　　↓　　　　　　　　↓　　　　　　　　↓
蟹壳→预处理→浸碱、水洗→浸酸、脱钙→水洗→脱色→还原→水洗、干燥→甲壳素
　　　　　　　　　　　　　　　　　　　　　$1\%\sim1.5\%$还原剂
　　　　　　　　　　　　　　　　　　　　　　1 小时

图 2-2　蟹壳制取甲壳素的方法二

（3）浸酸、脱钙　用 $5\%\sim15\%$ 的盐酸，浸泡 $3\sim5$ 天，脱除碳酸钙等，使变成氯化钙随溶液排出。浸酸过程中要经常搅拌，如发现已无气泡产生，但原料并未浸软，说明酸量不足，应补充酸液，或重新浸在新的酸液中。当原料全部软化，不再有气泡产生，浸酸过程完成。将原料取出，用水洗至中性。这个过程除去原料中的碳酸钙、磷酸钙和硝酸钙。

（4）脱色　将洗净的软壳压榨除去水分，用 1% 的 $KMnO_4$ 浸泡，浸泡 $1\sim2$ 小时后，用水洗去软壳上的 $KMnO_4$。

（5）还原　经过前一步 $KMnO_4$ 处理后的原料软壳，还需要用还原剂才能完全去掉 $KMnO_4$ 附着的紫色，通常用的还原剂有硫代硫酸钠、亚硫酸氢钠、草酸等。还原剂的浓度为 $1\%\sim1.5\%$，浸泡 1 小时。这个过程中应将原料软壳不断翻动，使脱色均匀完全。

（6）水洗、干燥　将脱色后的软壳取出，用水洗净，干燥，粉碎，即得到白色不溶性的甲壳素。

二、虾壳制取甲壳素的方法

见图 2-3。

（1）预处理　选用新鲜的虾壳原料，去除残肉，清洗干净。

（2）浸酸、水洗　盐酸可以用工业盐酸或废盐酸，虾壳用 6% 的盐酸，浸泡，同时煮沸 8 小时。脱除碳酸钙、磷酸钙，使之变成氯化钙随溶液排出。浸酸过程中要经常搅拌，如发现已无气泡产生，但原料并未浸软，说明酸量不足，应补充酸液，或重新浸在新的酸液中。当原料全部软化，不再有气泡产生，可延长1小时，浸酸过程完成。将原料取出，用水洗至中性。

6%HCl　　8%～10%NaOH　　1%KMnO₄

8小时　　　3～5小时　　　1～2小时

虾壳→预处理→浸酸、水洗→碱煮→浸酸、脱钙→脱色→还原→水洗、干燥→甲壳素

3%HCl　　1%～1.5%还原剂

3小时

图 2-3　虾壳制取甲壳素的方法

（3）碱煮　碱煮是为了除去蛋白质和油脂，通常用8%～10%的氢氧化钠溶液煮沸，碱煮时要不断搅拌，时间约3～5小时，蛋白质逐渐被溶解，与甲壳素分离，油脂经碱煮皂化溶解在碱液中。碱煮过程也破坏了部分色素，使颜色变浅。原料经过碱煮后，质地变软，取出后用水洗净碱液，也可以先加入盐酸中和碱液，再水洗，这样可以节约用水，也可以缩短洗涤时间。

（4）浸酸、脱钙　用3%的盐酸浸泡3小时继续脱除碳酸钙、磷酸钙。这个过程要经常搅拌。将原料取出，用水洗至中性。

（5）脱色　由于虾壳中含有虾红素，在虾煮后变为红色，碱煮后的原料需用高锰酸钾进行氧化脱色。将洗净的软壳压榨除去水分，用1%的KMnO₄浸泡，浸泡1～2小时后，用水洗去软壳上的KMnO₄。

（6）还原　经过前一步KMnO₄处理后的原料软壳，用还原剂完全去掉KMnO₄附着的紫色，通常用的还原剂有硫代硫酸钠、亚硫酸氢钠、草酸等。还原剂的浓度为1%～1.5%，还原过程中将原料软壳不断翻动，使脱色均匀完全。

（7）水洗、干燥　将脱色后的软壳取出，用水洗净，干燥，即得到不溶性的甲壳素。

三、虾、蟹壳酶解法生产甲壳素

生物酶水解制取甲壳素（图2-4），代替碱煮、酸浸的化学方法，可提高原料中蛋白质的回收利用率，此方法反应条件温和，可以得到高质量的甲壳素和食品级的蛋白粉，生产过程安全，环境污染少，降低甲壳素生产过程中的废物排放，实现甲壳素的清洁生产。

$$\text{蛋白酶，5 小时}$$
$$\downarrow$$
虾、蟹壳→预处理→预热→酶解→过滤→滤液→滤渣→甲壳素
$$\downarrow$$
$$\text{真空浓缩→喷雾干燥→蛋白粉}$$

图2-4　酶解法生产甲壳素

采用生物酶水解制取甲壳素，较化学方法有较大优势，具体如下。

（1）减少酸、碱对甲壳素品质的影响，产品品质好，安全性高。

（2）采用生物酶水解生产法，回收蛋白质，减少酸、碱消耗量，降低了生产成本，具有较强的价格优势。

（3）减少环境污染。生物酶水解生产法的废水中蛋白质含量较化学法大大降低，同时，COD和BOD含量也大大降低。

（4）从综合利用方面，化学法回收的蛋白质营养价值低，而酶水解生产法条件温和，可以得到食品级蛋白质粉。

另有研究报道，以虾、蟹壳为原料，通过酶法脱蛋白质，用有机酸脱钙、脱色来提取甲壳质，同时，对虾、蟹壳中的动物蛋白质能很好地加以利用。

基本工艺为：虾、蟹壳原料，在50 ℃下，用蛋白酶酶解3次，时间5小时，用柠檬酸脱钙，用酒精回流脱色，得甲壳质。酶解以后的废液经过浓缩可以制得高档氨基酸调味料，也可以作

为氨基酸营养液。其中游离氨基酸含量接近 60%，包含 8 种必需氨基酸，具有较高营养价值。脱钙以后的废液可以制取柠檬酸钙，用作螯合剂、稳定剂等，也是一种补钙剂。生产过程中不会产生工业废水，对环境无污染。

四、制取甲壳素的能源综合利用方法

为了能够让虾、蟹壳的资源得到充分的利用，尽可能将虾、蟹壳中的有用成分转化为有用的物质，提高经济效益；同时，也为了降低环境污染、变废为宝，就要在生产的过程中进行能源和资源的综合考虑。有研究人员提出制取甲壳素的能源综合利用方法。

甲壳素的生产过程，涉及大量用水，生产甲壳素及壳聚糖的厂家应选址在海边，可以利用海水，减少淡水的消耗，节约淡水资源。

由于在工艺过程中涉及许多过程需要用水，可以在各个不同的过程中分别使用海水和淡水。如虾、蟹壳的原料洗涤，可以用大量的海水洗涤。在脱钙和脱蛋白质之后，可先用大量海水洗至中性，然后再用少量淡水洗涤。

五、制取甲壳素的资源综合利用方法

（1）制取食品级碳酸钙　用 HCl 两次脱钙之后的滤液中，含有大量 $CaCl_2$，导出后，可加入 Na_2CO_3 或通入 CO_2，沉淀出 $CaCO_3$，经过过滤、水洗、干燥，得到洁白、细颗粒的 $CaCO_3$，此 $CaCO_3$ 为食品级。见图 2-5。

（2）制取优质蛋白质　经过两次用 NaOH 脱蛋白质后的滤液，含有大量蛋白质，导出后，先调节 pH 至 5～6，蛋白质会沉淀，然后过滤，用清水洗涤，干燥，得壳蛋白。这种壳蛋白含有人体必需的 8 种氨基酸，是优质的动物性蛋白质，可直接应用于食品中，也可制成营养液。见图 2-5。

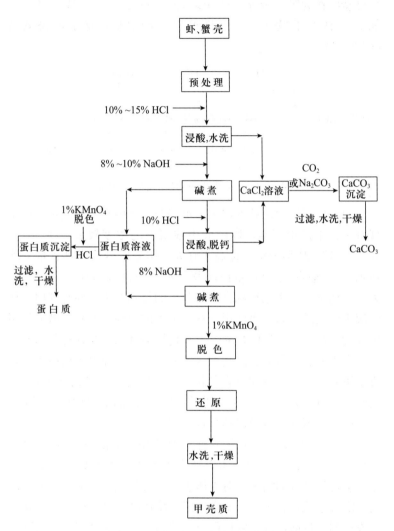

图 2-5　甲壳素资源综合利用方法

（3）盐酸的综合利用　当第一次 HCl 浸酸脱钙后，将虾、蟹壳捞出，这时使用的盐酸还含有一部分未作用的盐酸，可将这部分盐酸作为第二步脱钙的初步酸液，酸浸一定时间后排出，再加10%盐酸继续脱钙，这样可以节约盐酸，增加经济效益（图2-6）。

图 2-6　甲壳素生产中盐酸的综合利用

（4）应用膜分离技术解决污水问题　国内有研究发现，由于现有工艺生产甲壳素，废碱液中残留碱的浓度较高，在3%～4.5%，蟹壳废碱液浓度远高于虾壳。蟹壳废碱液中钙含量平均达到20.5毫克/千克，蛋白质及其水解物含量达到4.72%。可采用不锈钢膜分离系统耦合钠滤分离的技术对废液回收利用，从废液中回收酸、碱，再回用于虾、蟹壳的处理，使酸、碱的利用率大为提高。分离后的盐酸、氢氧化钠溶液浓度与处理前相差不大，只需补充少量酸、碱就可达到所需浓度，并可再次使用，解决了甲壳素生产中普遍存在的污水处理问题，达到污水零排放。而废液可进一步处理，可得到蛋白质、氯化钙、碳酸钙等副产品，使虾、蟹壳的资源得到综合利用。

（5）虾青素的回收利用　虾青素又名虾黄素、虾黄质，是自然界广泛存在的类胡萝卜素，虾青素能改变水产品、禽蛋的色泽，满足消费者的需求，对人体也具有抗氧化、增强免疫力的作用。虾青素无毒、无害，不会造成环境污染，是一种绿色、安全的添加剂。目前，许多发达国家正致力于开发这种产品，仍满足不了市场需求。

用酸、碱法制取甲壳素后的会产生大量的酸、碱废水，其中含有大量虾青素和蛋白质，对环境造成了污染。如果在生产甲壳素的同时，又提取出虾青素，不仅可以提高甲壳素的质量，减少废水的色度，对废水治理也有积极的作用，使企业获得更大的经济利益。

从甲壳素废水中提取虾青素，一般采用有机溶剂萃取的方法。在提取虾青素时有机溶剂是有效溶剂，提取后将有机溶剂蒸发、回收、循环利用，将虾青素浓缩，得到浓度大的虾青素油。常见的有机溶剂有乙醇、丙酮、乙醚、氯仿、正己烷等，不同的溶剂提取效果不同，其中丙酮的提取效最好。

有研究报道，从甲壳素废水中提取虾青素，先将甲壳素加工废水的絮凝物用丙酮萃取，再经过石油醚萃取丙酮液得到虾青素粗提品，再用 Na_2CO_3 水溶液洗涤杂质，得到纯品虾青素，含量达 6.9%。另有研究报道，从甲壳素废水中提取虾青素，用二氯甲烷和甲醇的混合有机溶剂从甲壳素生产废水中提取虾青素，此法快速高效，有机溶剂可回收利用，且设备简单，是理想的回收提取方法，提取得到的虾青素中游离虾青素的含量达到 30%。

第三章 虾、蟹壳制备壳聚糖的方法

第一节 壳聚糖的性质

壳聚糖是甲壳素脱乙酰化的产物（图3-1）。壳聚糖与甲壳素的区别在于 C_2 位的取代基不同，壳聚糖是氨基（$-NH_2$），而甲壳素是乙酰氨基（$-NHCOCH_3$）。一般用甲壳素分子中脱去乙酰基的链节数占总链节数的百分数表示它的脱乙酰度。甲壳素脱乙酰度超过70%就叫壳聚糖。壳聚糖的平均分子量约为1.2×10^5。

图3-1 高纯度壳聚糖

壳聚糖外观为白色或灰白色，略有金属光泽，不溶于水和碱溶液，可溶于盐酸、硝酸、乙酸等酸中。如果溶于1%乙酸溶液，可形成透明黏稠状的壳聚糖胶体溶液。由于壳聚糖分子内含有游离的氨基和羟基，反应活性比甲壳素强，用途更加广泛。

壳聚糖能发生水解反应，发生酰基化、烷基化、羧甲基化、磺化、硝化、卤化、氧化、还原、络合等多种反应。

壳聚糖的化学结构如下（图 3-2）：

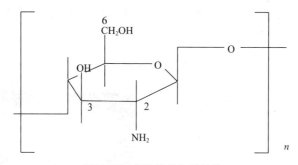

图 3-2 壳聚糖的化学结构

第二节 壳聚糖的制备方法

由虾、蟹壳先制得甲壳素，使甲壳素脱去乙酰基成为壳聚糖（图 3-3）。

$40\% \sim 50\%$NaOH
80 ℃，20 小时
↓
甲壳素→浓碱保温（脱乙酰基）→水洗、脱水、干燥→壳聚糖→粉碎、包装、成品

图 3-3 壳聚糖的制备方法

（1）浓碱保温（脱乙酰基） 一般用 $40\% \sim 50\%$ 的 NaOH 处理甲壳素，使其脱去乙酰基成为壳聚糖。反应温度对产品色泽和脱乙酰基的时间有影响。温度高，产品色泽差，但所需反应时间短，如在 $130 \sim 140$ ℃情况下，只需 $1 \sim 2$ 小时即可脱净乙酰基，但色泽发黄；在 $50 \sim 60$ ℃时，需 24 小时才可脱净乙酰基，产品颜色较浅；如果 30 ℃时，需 120 小时，产品为洁白色。

检验是否脱去乙酰基的方法，可将产品取出，洗去碱液，加入 $1.5\% \sim 3\%$ 的醋酸，如果溶解，就说明已经脱去乙酰基。

（2）水洗、脱水、干燥 将产品取出，洗去碱液到中性，干

燥，得到白色或微黄色产品，半透明状，即为壳聚糖。

（3）粉碎、包装、成品　将产品粉碎、包装、即成为壳聚糖成品（图3-4、图3-5）。

图3-4　工业级壳聚糖　　　　　图3-5　食品级壳聚糖

一、壳聚糖的资源综合利用生产法

为了降低生产成本，在浓碱保温（脱乙酰基）20小时后，用水洗涤，收集碱流出液（浓度约30%），这部分碱液可供循环使用，也可用作第一步生产甲壳素时的碱煮液，节约碱液。将产品取出，离心脱水、干燥，得到白色或微黄色产品，半透明状，即为壳聚糖（图3-6）。

40%～50%NaOH
80℃，20小时

甲壳素→浓碱保温（脱乙酰基）→水洗、脱水、干燥→壳聚糖→粉碎、包装、成品

图3-6　壳聚糖的资源综合利用生产法

二、壳聚糖的化学制备方法

（一）浓碱液法

一般用40%～50%的NaOH处理甲壳素，在80～130℃，1～20小时，（温度和时间影响产品颜色），就可得到不同脱乙酰

度的壳聚糖。其中,碱的浓度、反应温度、反应时间、甲壳素的固体形状等与壳聚糖的脱乙酰度密切相关。

研究发现,40%～50%的 NaOH 处理磨碎的甲壳素,反应温度 100 ℃,反应时间 10 小时,水洗、干燥后,可得到纯白色的壳聚糖粉末。如果使用未加磨碎的甲壳素,反应时间为 20 小时。

(二)溶剂碱液法

在以上浓碱液法中,NaOH 的用量很大,造成了一些浪费。有研究发现,一些有机溶剂(如乙醇、丙酮等)对甲壳素有强的渗透作用,可作为稀释介质使 NaOH 易于进入甲壳素分子内部,可以减少碱的用量,同时也能够获得高脱乙酰度的壳聚糖。可采用间歇法工艺获得高脱乙酰度、高品质的壳聚糖。研究发现,乙醇较其他溶剂是合适的反应介质,乙醇有一定的极性和渗透性,可有效地扩散渗透入壳聚糖分子内部,从而提高了反应效率。如以乙醇为反应介质,在反应温度 80 ℃,时间 3 小时,NaOH 与乙醇的质量比是 3:16 的情况下,可获得脱乙酰度达 90%的壳聚糖,远高于其他方法。

(三)碱液微波法

近年来,利用微波技术制备壳聚糖的方法应用很多,应用微波辐射加热技术代替传统加热技术可大大缩短加热时间,使壳聚糖有较高的脱乙酰度和良好的溶解性。一般情况下,应用碱液法,在反应温度 100 ℃,加 50% NaOH,反应时间 10 小时,可获得脱乙酰度达 85%的壳聚糖。而改用碱液微波处理技术后,在反应温度 80 ℃,反应时间 20 分钟,可得到脱乙酰度达 85%的壳聚糖。还可采用半干法微波技术,将甲壳素粉碎到一定粒度,与一定量的浓碱溶液混合均匀成糊状物,在微波炉中进行脱乙酰基反应,产物用热水洗涤至中性,再用甲醇浸泡洗涤,干燥后得到白色或微黄色颗粒状产品。

三、壳聚糖的酶法制备方法

甲壳素脱乙酰酶可以水解脱掉甲壳素上的乙酰基,可以利用它代替浓碱热解法生产高质量的壳聚糖。用甲壳素脱乙酰酶来制备壳聚糖比较浓碱法有明显优势，这种方法不会造成环境污染，可降低能耗，在产品质量方面也可得到提高。由于浓碱热解法所得的产品脱乙酰程度不均匀、相对分子量降低，而用酶法脱乙酰得到的产品质量要好，可应用于一些新型材料的制造。但是，目前也存在一些问题，如产生甲壳素脱乙酰酶菌株的产酶能力低，酶活低，这些都影响用甲壳素脱乙酰酶制备壳聚糖的工业化生产。

四、壳聚糖的清洁生产方法

壳聚糖的化学生产方法技术简单，工艺比较成熟，是目前市场壳聚糖的主要市场来源，但由于强碱等废物的排放对环境有很大污染，也耗费大量的能源。酶法制备壳聚糖，环境污染小、能耗低，是一种清洁生产工艺，但生产成本高。壳聚糖的清洁生产方法，就是对生产原料及废物进行资源化利用，保护环境，降低能耗，提高产品质量。

化学法制备壳聚糖工艺路线较长，一般采用"酸脱钙—碱脱蛋白质—碱脱乙酰基"，将脱蛋白质和脱乙酰基分两步进行，这种方法使碱的用量增加，工艺路线增长，生产效率降低。可通过工艺路线的改进，将两步生产方法改进为一步方法进行，将碱脱蛋白质和脱乙酰基同时进行，实现一步法生产壳聚糖，这种方法可降低能耗，并且回收碱液用于虾、蟹壳的脱蛋白质处理，实现资源化、无害化、清洁化生产。

第三节　壳聚糖的质量控制

一、脱乙酰度的测定

壳聚糖的脱乙酰度，是指壳聚糖分子链上自由氨基的含量，定义为壳聚糖分子中脱除乙酰基的糖残基数占壳聚糖分子中总的糖残基数的百分比。壳聚糖的脱乙酰度的高低，直接影响壳聚糖在稀酸中的溶解能力、离子交换能力、絮凝性能、黏度大小等性能，是壳聚糖重要的技术指标之一。

脱乙酰度的测定方法很多，有酸碱滴定法、氢溴盐酸法、胶体滴定法、红外光谱法、紫外光谱法、电位分析法、元素分析法等。

（一）酸碱滴定法

酸碱滴定法是一种最简单的测定壳聚糖中自由氨基含量的方法，方法重复性好，不需要用特殊的仪器，适宜于生产过程中的质量监控。

壳聚糖中的自由氨基显碱性，可与酸定量发生反应，形成壳聚糖的胶体物质，溶液中游离的 H^+ 用碱反滴定，用溶解壳聚糖的酸量与滴定用去的碱量之差可计算出壳聚糖自由氨基结合酸的量，从而计算出壳聚糖中自由氨基的含量。滴定过程中用甲基橙—苯胺蓝混合指示剂，颜色变化从紫红到蓝绿，变色灵敏。

（1）试剂　HCl：0.1摩尔/升标准溶液；NaOH：0.1摩尔/升标准溶液；甲基橙：0.1％水溶液；苯胺蓝：0.1％水溶液；甲基橙—苯胺蓝：甲基橙与苯胺蓝以1：2体积比混合配制。

（2）测定步骤　准确称取0.3～0.5克壳聚糖样品，置于250毫升三角瓶中，加入标准0.1摩尔/升盐酸溶液30毫升，室温搅拌至完全溶解，加入6滴指示剂，用标准0.1摩尔/升 NaOH 溶液滴定游离的盐酸，直至变成浅蓝绿色。

（3）计算

$$脱乙酰度\ D.D. = \frac{n}{N} \times 100\% = \frac{n}{n + \dfrac{Q - 161n}{203}} \times 100\%$$

$$= \frac{203n}{Q + 42n} \times 100\%$$

$$n = c_1 V_1 - c_2 V_2 \qquad N = n + \frac{Q - 161n}{203}$$

式中　c_1——盐酸标准溶液的浓度，摩尔/升；

c_2——氢氧化钠标准溶液的浓度，摩尔/升；

V_1——加入盐酸标准溶液的体积，毫升；

V_2——滴定耗用的氢氧化钠标准溶液的体积，毫升；

Q——样品质量，克；

161——脱乙酰度为 100％时壳聚糖残基的平均相对分子质量；

203——脱乙酰度为 0 时壳聚糖残基的平均相对分子质量。

（二）氢溴盐酸法

氢溴盐酸法是以氢溴酸与壳聚糖的氨基形成盐，将此盐过滤、洗涤、干燥后，称取一定量溶于水中，用 NaOH 标准溶液滴定，计算出壳聚糖样品的脱乙酰度。

具体方法为：称取 0.5 克壳聚糖样品，溶于 100 毫升 0.2 摩尔/升氢溴酸溶液中，在搅拌下缓缓加入 50 毫升 9 摩尔/升氢溴酸溶液，生成的壳聚糖氢溴酸盐沉淀离心分离，弃去上清液，反复用甲醇洗涤，至 pH 不变化，或检测不出溴离子，再用乙醚洗涤，真空干燥 5～7 天，储存在干燥器中待用。

精确称取上述干燥好的壳聚糖氢溴酸盐 0.2 克，溶于 100 毫升蒸馏水中，用 0.1 摩尔/升 NaOH 标准溶液滴定，以酚酞为指示剂，计算壳聚糖的脱乙酰度。

$$脱乙酰度 \ D.D. = \frac{1}{M/(c \cdot V) \times 4.93 - 0.192} \times 100\%$$

式中　M——壳聚糖样品的质量，克；

c——NaOH 标准溶液的浓度，摩尔/升；

V——滴定耗用 NaOH 标准溶液的体积，毫升。

（三）胶体滴定法

胶体滴定法是一种测定水溶液中聚电解质带电基团的容量分析法。壳聚糖在稀酸中溶解，在氨基上结合酸分子，或结合一个 H^+ 而带上正电荷，形成带正电荷的聚电解质。

聚电解质在水溶液中遇到带有相反电荷的聚电解质时，会按一定的化学计量关系发生电中和反应，最终形成沉淀。

胶体滴定法就是利用化学结构、分子量和带电荷的电解质来测定壳聚糖的带电基团数量，即测定壳聚糖的氨基含量。

用负离子聚电解质 PVSK（聚乙烯硫酸钾）作滴定剂，用带正电荷的蓝色有机染料 T.B（甲苯胺蓝）为指示剂，用目视判断终点。在终点前，溶液为蓝色，到达终点时溶液由蓝色变成紫红色，并生成大量沉淀。由于颜色转变很灵敏，可以准确判断终点。

（1）试剂配制

① 聚乙烯硫酸钾溶液的配制。聚乙烯硫酸钾的链节分子量，计算为 162.204，称取 0.422 克，用蒸馏水配制成 1 000 毫升溶液，浓度为 0.002 5 摩尔/升；

② 甲苯胺蓝溶液的配制。称取 0.3 克甲苯胺蓝，用蒸馏水配制成 30 毫升溶液，浓度为 0.1%。

（2）仪器　微量或半微量滴定管、100 毫升三角瓶、25 毫升容量瓶、5 毫升移液管等。

（3）测定步骤

① 将干燥粉碎的壳聚糖样品溶解于 0.2 摩尔/升乙酸—0.1 摩尔/升乙酸钠溶液中，浓度为 0.02%，用移液管移取 5.0 毫升转入 100 毫升三角瓶中；

② 调 pH=2.5；

③ 加入一滴甲苯胺蓝指示剂；

④ 用聚乙烯硫酸钾慢慢滴定，速度控制在 0.02 毫升/秒左右；

⑤ 边滴边摇，溶液逐渐浑浊，当溶液由蓝色变成紫红色时，10 秒内不退色，即为终点。读取聚乙烯硫酸钾的体积 V_1；

⑥ 取 5 毫升蒸馏水，同样方法进行空白滴定，读取聚乙烯硫酸钾的体积 V_2；

⑦ 计算壳聚糖的氨基含量：

$$\text{氨基含量} = \frac{c_{\mathrm{N}} \times (V_1 - V_2) \times M}{5 \times c} \times 100\%$$

式中　c_{N}——聚乙烯硫酸钾的浓度，摩尔/升；

　　　M——壳聚糖的链节（氨基葡萄糖残基）相对分子质

　　　　　量 161.15；

　　　c——壳聚糖溶液的浓度，克/毫升。

（四）紫外光谱法

（1）仪器　730 型紫外—可见分光光度计，波长 190～300 纳米，狭缝 1 毫米，扫描速度 100 毫米/分。

（2）溶液配制　用 0.001 摩尔/升 HCl 溶解 N-乙酰氨基葡萄糖，配制成 0.1 毫克/毫升溶液，再用此浓度的盐酸溶液稀释成 0.01 毫克/毫升、0.02 毫克/毫升、0.03 毫克/毫升、0.04 毫克/毫升、0.05 毫克/毫升的标准溶液，以 0.001 毫克/毫升盐酸溶液作为参比溶液，在 199 纳米处测定系列溶液的吸光度，绘制出标准曲线，最大吸光度 A 与浓度 c 的关系为：$A = 17c$。

称取 10～20 毫克壳聚糖样品于 100 毫升容量瓶中，加入 10 毫升 0.01 摩尔/升 HCl，全部溶解后，用蒸馏水稀释至刻度，摇匀，以 0.001 摩尔/升 HCl 作参比溶液，测定在 199 纳米处的吸光度，从标准曲线得到样品中乙酰基的浓度，从而求得脱乙酰度，即

脱乙酰度（$D.D.$）= 100% —（样品中乙酰基浓度/样品浓度）× 100%

二、黏度测定

黏度是高分子物质分子量大小的反映。壳聚糖是一种天然高分子多糖，其分子量大小不同，物理性质也不一样，用途也不同，因此黏度是其重要的指标。

要确定一种高聚物——溶剂体系的 K 和 a，需要先将高聚物尽可能按分子量大小分级，然后测定各级的 $[\eta]$ 和平均分子量

M（可先用其他测定绝对分子量的方法测定）。如果在实验的分子量范围内 a 是常数，则 lg［η］对 lg$M$ 作图得到的是一条直线，其斜率是 a，截距是 lg$K$。如果 a 不是常数，则 lg［η］对 lg$M$ 作图得到的是一条曲线，只能求得在各段分子量范围内适用的 K 和 a。

有研究发现，壳聚糖脱乙酰度不同，其 K 值和 a 值有明显的差异，而且呈现规律性的变化，脱乙酰度越高，K 值越大，a 值越小。这就说明了由黏度法测定的壳聚糖分子量是特定脱乙酰度壳聚糖的分子量。

壳聚糖溶液黏度的测定方法如下：

（1）仪器　乌氏黏度计，毛细管长度 140 毫米±0.5 毫米，内径 0.5 毫米±0.05 毫米；恒温水浴一套：ϕ30 厘米×40 厘米玻璃缸一个，电动搅拌器一个，温度计一支，水浴温度 25 ℃±0.05 ℃；秒表，温度计。

（2）操作　壳聚糖样品干燥，精确称取 1～1.2 克，用乙酸—氯化钠配制成 50 毫升样品溶液，浓度为 c_1，过滤，量取 10 毫升，移入乌氏黏度计侧管，将乌氏黏度计垂直固定于恒温水浴中，保温 10 分钟以上，使管内溶液的温度与水浴温度达到平衡。

在另外两根支管口各接 1 根乳胶管，将侧管上面的乳胶管夹住，用吸球从中间乳胶管吸气，使样品溶液渐渐上升，直到刻度线 a 以上，此时放开夹子，再移走吸球，使样品溶液在毛细管内自然下落，用秒表记录溶液下降通过刻度线 a 和 b 的时间（t_1）；然后精确量取 5 毫升溶剂小心加入到黏度计中，将样品溶液摇匀，稀释，此时溶液浓度为 c_2，用同样方法测定时间（t_2）。再依次精确量取溶剂 5 毫升和 10 毫升，分次加入到黏度计中稀释，浓度分别为 c_3 和 c_4，分别测定 t_3 和 t_4。

在测定样品的黏度之前，要先测定溶剂的黏度，需要的溶剂 10 毫升，测定的时间 t_0。

稀释后溶液的浓度分别为：

$$c_2 = 2/3 \times c_1$$
$$c_3 = 1/2 \times c_1$$
$$c_4 = 1/3 \times c_1$$

对应于各浓度的相对黏度 $[\eta_r]$ 为：

$$[\eta_{r1}] = t_1/t_0 \qquad\qquad [\eta_{r2}] = t_2/t_0$$
$$[\eta_{r3}] = t_3/t_0 \qquad\qquad [\eta_{r4}] = t_4/t_0$$

增比黏度 $= \eta_r - 1$，比浓黏度为 η_{sp}/c。

依次计算，得到 4 个比浓黏度，并对浓度作图，可得一条直线，将此直线外推至与纵坐标相交得 A 点，此截距（AO）为 $[\eta]$。将 $[\eta]$、K 和 a（按脱乙酰度选定）代入：

$$[\eta] = KM^a$$

即可求得黏均分子量 M_V。

三、灰分测定

将洗净烘干的坩埚放入高温电炉中灼烧 30 分钟，取出，空气中冷却，继续干燥器冷却，称重。在坩埚中称取 2～5 克壳聚糖样品，准确至 0.000 2 克，在普通电炉上先烤至碳化，然后放入高温电炉，于 550 ℃灼烧 3 小时，取出，在空气中冷却，在干燥器中冷却，称重。称重后再放入电炉中灼烧 1 小时，两次质量之差小于 0.001 克为恒重。

计算灰分：

$$灰分 = \frac{W_2 - W_0}{W_1 - W_0} \times 100\%$$

式中 W_0——已恒重的空坩埚质量，克；

W_1——坩埚加样品质量，克；

W_2——灰化后坩埚加灰分质量，克。

每个样品取两个平行样品进行测定，取平均值。如果灰分在 5% 以上，允许相对偏差为 1%，如果灰分在 5% 以下，允许相对偏差为 5%。

四、砷的测定

食品级和医药级壳聚糖对砷的含量有严格的要求，砷是一项重要的质量指标。

（1）古蔡特氏测砷器

（2）试剂与溶液

① 盐酸；

② 15％碘化钾溶液；

③ 40％氯化亚锡－盐酸溶液；

④ 无砷金属锌；

⑤ 三氧化二砷（优级纯）；

⑥ 乙醇溴化汞试液：取溴化汞 2.5 克，加乙醇 50 毫升，微热溶液，放于棕色玻璃瓶中在暗处保存；

⑦ 溴化汞试纸：将滤纸条浸入乙醇溴化汞试液内，1 小时后取出滤纸，在玻璃片上暗处干燥，避光保存；

⑧ 乙酸铅试液：取乙酸铅 10 克，加新煮沸过的冷蒸馏水溶解，再滴加乙酸，使溶液澄清，再加新煮沸过的冷蒸馏水稀释至 100 毫升；

⑨ 乙酸铅棉花：取脱脂棉浸入乙酸铅试液与水的等容混合液中，湿透后，挤压除去溶液，并使之疏松，在 100 ℃ 以下干燥，保存在玻璃瓶中；

⑩ 标准砷溶液和砷斑的制备：精确称取在 100 ℃ 干燥至恒重的三氧化二砷 0.132 0 克，置于 1 000 毫升容量瓶中，加 20％氢氧化钠溶液 5 毫升和 400 毫升新煮沸的蒸馏水溶解，用少量 10％稀硫酸中和（可用石蕊试纸检查），再加稀硫酸 10 毫升，用蒸馏水定容至刻度，此即为储备液。精确量取储备液 10 毫升，置于 1 000 毫升容量瓶中，加稀硫酸 10 毫升，用蒸馏水定容至刻度，此溶液的三氧化二砷浓度为 1 微克/毫升，此即为标准溶液，现配现用。精确量取标准溶液 0 毫升、0.5 毫升、1.0 毫升、2.0

毫升、3.0 毫升、4.0 毫升、5.0 毫升（相当于含砷 0 微克、0.5 微克、1.0 微克、2.0 微克、3.0 微克、4.0 微克、5.0 微克的三氧化二砷），分别置于砷测定器的三角瓶中，各加盐酸 7 毫升，蒸馏水 23 毫升，碘化钾 5 毫升，酸性氯化亚锡试液 5 滴，在室温放置 10 分钟，加锌粒 1.5 克，迅速装好装置，在 25 ℃反应 1 小时，然后取出溴化汞试纸，即为颜色不同含 As_2O_3 不同的标准砷斑。

（3）测定方法　精确称取壳聚糖样品 1.5 克于坩埚中，加淀粉 0.75 克，氢氧化钙 1.5 克，加少量蒸馏水，搅拌均匀，干燥，用小火炽灼使炭化，再在 500～600 ℃灰化 4 小时（灰烬至灰白色），放置冷却，加盐酸 10 毫升，蒸馏水 20 毫升溶解，同时做空白实验。

将此试液转入砷测定器的三角瓶中，用蒸馏水 20 毫升分几次洗涤坩埚，洗涤水一并转入三角瓶中，然后加碘化钾试液 5 毫升，酸性氯化亚锡试液 5 滴，在室温放置 10 分钟，加锌粒 1.5 克，迅速装好装置，在 25 ℃反应 1 小时，取出溴化汞试纸，将生成的砷斑与标准砷斑比较。

（4）计算　砷含量（以 As_2O_3 计）按下式计算：

$$砷含量/（毫克/克）= \frac{(A_1 - A_2) \times 1\,000}{W}$$

式中　A_1——与试样相当的标准砷斑（As_2O_3）质量，微克；

　　　A_2——与空白相当的标准砷斑（As_2O_3）质量，微克；

　　　W——样品质量，克。

五、汞的测定

由于甲壳素及壳聚糖是由虾蟹壳生产而得，新鲜虾、蟹壳极易吸收水中的汞，尤其是工业发达地区近海岸海水中汞含量高，这种虾、蟹壳生产出的甲壳素及壳聚糖中含汞量也高。因此，测定甲壳素及壳聚糖中汞含量是非常必要的。一般用测汞仪测定壳聚糖中的汞含量。

（1）试剂

① 硝酸（优级纯）；

② 硫酸（分析纯）；

③ 氯化亚锡溶液（30%）：称取分析纯氯化亚锡30克，加少量水，加硫酸2毫升溶解，然后加水至100毫升；

④ 混合酸：取硫酸10毫升，硝酸10毫升，缓慢倒入50毫升水中，冷却后加水100毫升；

⑤ 汞标准溶液：精确称取经过100 ℃干燥的二氯化汞0.135 4克，加适量混合酸溶解，移入100毫升容量瓶中，用混合酸稀释至刻度。使用时精确吸取此溶液1～100毫升容量瓶中，加混合酸至刻度，此稀释液含汞为0.1微克/毫升。

（2）样品消化 称取壳聚糖样品1.00～5.00克，放入250毫升圆底烧瓶中，加25毫升硝酸、5毫升硫酸、沸石，摇动。然后接上球型冷凝管，小火加热消化，回流2小时，若消化液变成棕色火黑色，需补加入硝酸，反复几次至消化液无色或微黄色。从冷凝管上口注入10毫升水，继续加热回流10分钟，放置，冷却，用玻璃棉过滤，滤液加水100毫升。

（3）样品测定 精确吸取10毫升消化液于汞发生器中，连接抽气装置，沿发生器内壁迅速加30%氯化亚锡溶液2毫升，并立即通入流速为1.5升/米的氮气，或空气（经过活性炭处理），将汞蒸气经过干燥进入测汞仪中，读取测汞仪上的最大读数。

精确吸取汞标准溶液0毫升、0.1毫升、0.2毫升、0.3毫升、0.4毫升（相当于汞0微克、0.01微克、0.02微克、0.03微克、0.04微克），分别置于试管中，并分别加混合酸至10毫升，然后分别倒入汞蒸发器内，按照样品方法操作，根据读数及与其对应的汞含量绘出标准曲线。

（4）计算

$$汞含量（微克/克）= = \frac{(A_1 - A_2) \times 1\,000}{W \times V_2 / V_1}$$

式中 A_1——被测样品消化液中汞含量，微克；

A_2——试剂空白液中汞含量，微克；

V_1——样品消化液总体积，毫升；

V_2——测定用样品消化液的体积，毫升；

W——样品量，克。

六、铅的测定

应用原料虾蟹壳的带入，壳聚糖中的铅含量较高，在食品级的壳聚糖中要严格控制。测定方法如下：

（1）试剂

① 三氯甲烷；

② 酚酞指示剂（0.1%）；

③ 氨水；

④ 10%盐酸羟氨溶液：20 克分析纯盐酸羟氨溶于 200 毫升蒸馏水；

⑤ 10%氰化钾溶液；

⑥ 精制双硫腙：取 1 克双硫腙溶于 200 毫升三氯甲烷中，移入分液漏斗中，加 200 毫升氨水，摇动，使双硫腙转入氯氨液中，而氧化物则留在三氯甲烷中。溶液分层，分出三氯甲烷，移入另一个分液漏斗中，再重复用氨水萃取，直至氨液不再变橙色为止。滴加 1∶1 盐酸于氨水和双硫腙的混合液中，直至双硫腙完全析出为止。将析出的双硫腙用 20 毫升三氯甲烷萃取 3 次，收集萃取液于另一分液漏斗中，放于通风厨中蒸去三氯甲烷，于干燥器中备用；

⑦ 0.01%双硫腙溶液：精确称取 10 微克已经提纯的双硫腙溶于 100 毫升三氯甲烷中，装入棕色瓶，放入冰箱备用；

⑧ 0.001%双硫腙溶液：将 0.01%双硫腙溶液用三氯甲烷稀释 10 倍，使用时临时配制；

⑨ 20%柠檬酸氨溶液：将分析纯的柠檬酸 100 克溶解于 200 毫升蒸馏水中，加酚酞指示剂 2 滴，氨水调 pH=8.5～9.5，

此时溶液呈粉红色，在加入 0.01％双硫腙溶液 5 毫升，摇动，分层后分出三氯甲烷，重复操作，直到加双硫腙溶液不变色为止。再用 5 毫升三氯甲烷多次萃取残存在水溶液中的双硫腙，直到加入三氯甲烷后不变色为止，最后用蒸馏水稀释至 500 毫升；

⑩ 铅标准溶液：将干燥的硝酸铅 0.159 8 克溶于 20 毫升硝酸（1∶1）溶液中，用蒸馏水稀释到 1 000 毫升，再精确吸取 10 毫升用蒸馏水稀释到 1 000 毫升。

（2）仪器　721 型分光光度计。

（3）样品处理　0.5～1.0 克壳聚糖样品放入 50 毫升比色管中，加 20 毫升硝酸（1∶1）、双氧水 2 毫升，在沸水浴上加热消化 2 小时以上，用蒸馏水稀释至 10～50 毫升。

（4）样品测定　取 10 毫升消化好的样品溶液，放入分液漏斗中，用蒸馏水稀释至 20 毫升，加 20％柠檬酸铵溶液 2 毫升，10％盐酸羟胺溶液 1 毫升，摇匀后加一滴酚酞指示剂，用氨水调节 pH＝8.5～9.0，加 10％氰化钾溶液 1 毫升，摇匀。同时作空白实验。

在以上样品溶液和空白溶液中各加 5 毫升双硫腙溶液（0.001％），萃取 1 分钟，将三氯甲烷层滤入 1 厘米比色皿中，在分光光度计上于 510 纳米处，以空白调节零点，测定其吸光度。

吸取铅标准溶液 0 毫升、1.0 毫升、2.0 毫升、3.0 毫升、4.0 毫升、5.0 毫升（相当于 0 微克、1.0 微克、2.0 微克、3.0 微克、4.0 微克、5.0 微克铅），分别放入分液漏斗中，用蒸馏水稀释至 10 毫升，加柠檬酸铵溶液 2 毫升，以下操作与样品测定相同，以吸光度为纵坐标，铅含量为横坐标，绘制标准曲线，计算铅含量：

$$铅含量（微克/克）＝ \frac{c}{W \times V_1/V}$$

式中　c——从标准曲线上查得的铅含量，微克；

W——样品量，克；

V——样品稀释体积，毫升；

V_1——测定时吸取样品溶液的体积，毫升。

七、水分的测定

水分是指甲壳素和壳聚糖的游离水（吸附水）及部分结晶水，在常压下不能用烘干的办法全部除去结晶水。

水分的测定方法是，精确称取 1～2 克样品，在 105 ℃下烘干 4 小时至恒重，计算失重即得水分含量。

$$水分含量 = \frac{W_1 - W_2}{W_1 - W_0} \times 100\%$$

式中　W_1——105 ℃下烘干前样品及称样皿质量，克；

　　　W_2——105 ℃下烘干后样品及称样皿质量，克；

　　　W_0——已恒重的称样皿质量，克；

八、壳聚糖的技术指标

目前，有一些地方标准或企业标准，福建省壳聚糖质量指标见表 3-1：

表 3-1　福建省壳聚糖质量指标

项　　目	食品级	医药级、化妆品级
外　　观	白色或淡黄色（片状或粉末）	白色粉末
水分含量（%）　≤	12	12
灰分含量（%）　≤	0.5	0.2
酸不溶物含量（%）　≤	0.5	0.3
脱乙酰度（%）　≥	80	90
黏度（毫帕·秒）　≥	300	300
重金属含量（以 Pb 计, %）≤	0.002	0.002

第四章 甲壳素、壳聚糖的应用

第一节 甲壳素、壳聚糖的生物特性及在医药方面的应用

在医药方面，甲壳素、壳聚糖是生物相容性很好的可降解材料，可制成人造血管、人造皮肤、手术缝合线等产品。在药学领域，可作生物药物，如壳聚糖衍生物药物具有降低胆固醇、降低血液黏度等作用。

一、创伤治疗促进效应

甲壳素及壳聚糖可促进创伤愈合，可促进上皮细胞的再生，通过介导细胞增殖而促进伤口愈合。壳聚糖可促进纤维细胞的迁移，对基质细胞有激活作用，并且加速细胞增殖和组织重塑过程，促进皮肤组织修复。

壳聚糖向组织内移植不产生负作用。它生物相容性良好，有治愈创伤效果，能防止感染，形成良性肉芽，与伤口亲合力强，可被人体吸收，利于正常组织再生，并可制成人工皮肤或血管等。大面积用于创伤面，促进细胞活化，产生胶原纤维，使皮肤愈合良好，不会留下疤痕。

二、抗菌性

壳聚糖及其衍生物均具有不同程度的抗感染作用，壳聚糖对多种细菌和真菌呈现抗菌性和抗霉性，可作天然抗菌剂。壳聚糖的抗菌机理归因为其氨基产生的阳离子，并和微生物细胞壁组成

唾液酸和磷脂质等阳离子相互吸引，束缚了微生物的自由度，阻遏其繁殖。目前，已经成功将壳聚糖制成无纺布、涂层纱布等多种医用敷料，用于大面积烧伤，它的抗感染特性和促进伤口愈合效果非常好。也用于各种创面、伤口、溃疡等的治疗，并且有止血、止痛，促进创面愈合的作用。

壳聚糖治疗烧伤、烫伤，可促进肉芽生长和皮肤再生，可用于制造人造皮肤。壳聚糖制造的人造皮肤与人体不发生排斥反应，与人体亲和力强，可被人体吸收，可使皮肤愈合良好，它还可以促使细胞活化，产生大量胶原纤维，不会留下疤痕。

三、降胆固醇功能

人类胆固醇代谢正常对机体是有益的，但是胆固醇过多，积聚在血管壁上，会使血管变窄，血液流动受阻，导致心肌缺血缺氧而发生心绞痛。高胆固醇使血液黏稠，易发生血栓，导致心肌梗塞，或发生脑血栓。

壳聚糖能有效地阻止体内消化系统对胆固醇和脂肪甘油三酯的吸收，调节体内胆固醇成为适当值。这是由于壳聚糖易与胆汁酸结合，并全部排出体外，促使肝中将胆固醇转化成胆汁酸，结果使血液中胆固醇含量下降。

有研究发现，哺乳动物摄入壳聚糖后，能够结合壳聚糖本身重量很多倍的脂类，防止了脂类被肠道消化吸收，促进脂类的排泄。同时还发现，壳聚糖—脂肪酸络合物也能够结合体内的脂肪，而胃酸不能水解这种络合物，络合物通过胃肠道时，逐渐吸收、结合脂类物质，最后排出体外，这样就使肠道对胆固醇的吸收大大减少。

口服壳聚糖后，壳聚糖在胃中与胃酸作用形成凝胶，在肠道的 pH 范围内，可以保持这种凝胶不分解。这种凝胶具有吸附作用，可以吸附胆固醇，通过粪便排出体外，从而降低了血液中胆固醇的含量。

壳聚糖用于预防和治疗胆固醇高的患者时，可以选择口服壳聚糖粉剂，为方便服用，在粉剂中可加入适量甜味剂。

壳聚糖粉剂配方如下：

壳聚糖粉（100～200 目）	80.0 克
乳糖	10.0 克
蔗糖	9.9 克
橘子香精	0.1 克

以上配料混合均匀，分成小包，每包 5 克，每天剂量 20 克。

壳聚糖粉剂也可作为食品添加剂，添加在各种食品中，作为预防胆固醇增高和减肥保健食品。

四、抑制癌细胞毒素的作用

能使体液 pH 移向碱侧 0.5，创造碱性环境，能活化淋巴细胞，提高免疫能力，并能抑制癌细胞的转移。由于人体内存在可水解壳聚糖的溶菌酶、卵磷脂等酶群，会不规则地将壳聚糖分解成为各种分子质量不等的代谢产物，能直接接触或包围并吞噬癌细胞，抑制癌细胞无限量增殖。壳聚糖胺作为辅助治疗对早期癌症有良好效果，对中晚期患者配合专科治疗，在抑制肿瘤生长和转移情况方面较单一药物有显著效果。

五、活化细胞，抑制老化，抗肿瘤，恢复器管功能的作用

对植物神经系统及内分泌系统有调节作用。壳聚糖进入血脑屏障，修复营养脑细胞、治疗脑萎缩。进入胎盘屏障，能使胎儿发育健康、强壮、皮肤光滑等。

壳聚糖不仅具有很好的生物相容性，在体内能降解并代谢，壳聚糖本身也具有抗肿瘤和抗细菌作用。有研究发现壳聚糖具有直接抑制某些肿瘤细胞的作用，在含有 1×10^5 个/毫升癌细胞的溶液中，加入 0.5 毫克/毫升壳聚糖溶液，24 小时后癌细胞全部

死亡。其机理是壳聚糖水解产生的 D-2-氨基葡萄糖在体内对某些癌细胞有明显的杀灭作用，而对正常组织不造成影响，所以，壳聚糖和甲壳素均可作为某些癌症的化疗药物。

六、降低高血压的作用

血压升高和食盐中氯离子有关。氯离子能使血管紧张素转换酶活化，该酶催化血管紧张素，把血管紧张素原分解成血管紧张素，而使血压升高。而带正电荷的壳聚糖能够螯合氯离子，从而防止高血压。壳聚糖也能够降低血清总胆固醇和三酰甘油，并使胆固醇不附着于血管壁上，防止动脉硬化。壳聚糖能够降低血胆固醇，减轻或阻止动脉粥样硬化斑块形成，可防止高血压引起的各种疾病。

抑制过量摄取食盐而导致的高血压，要从食物着手。大分子的壳聚糖是高分子聚合物，不会被人体吸收，添加在食品中的壳聚糖会将食盐吸附在其上，这样，既保留了食品的风味，又不使人体吸收过量食盐，也可控制因食盐过多而导致的高血压。

七、防治糖尿病及降血糖的作用

糖尿病是一种代谢内分泌疾病，是由于绝对或相对的胰岛素分泌不足引起的糖、脂肪及蛋白质的代谢紊乱，导致血糖及尿糖过高。

糖尿病患者多由于胰岛素分泌不足，体液多呈酸性，壳聚糖分子中有碱性基团，在体内可使酸性体液恢复成弱碱性，可使胰岛功能上升、可调节体液 pH 到弱碱性，增加胰岛素的分泌量，提高胰岛素利用率，有利于糖尿病的防治。同时，亦有调节内分泌的功能，使胰岛素分泌正常，血糖降低。

壳聚糖的代谢分解产物可直接活化细胞、诱导细胞，使变性、水肿的胰腺组织得到恢复，提高能分泌胰岛素的 β 细胞的数量及功能，有望从根本上治疗糖尿病。

壳聚糖有较强的吸附性，在肠道内有一定的容积，能减少食物中糖类的吸收，降低并延缓血糖峰值，从而达到防治糖尿病的目的。壳聚糖有良好的降糖效果，并且毒、副作用小，可避免口服化学降糖药的低血糖作用。

八、强化肝功能

可恢复因胆固醇与中性脂肠在血中浓度升高并发的脂肪肝和肝炎。壳聚糖能促进产生肝炎病毒抗体，若与干扰素同用可提高疗效使乙肝病毒转阴。此外，还有增强肝生物转化机能，增强醛脱氢酶的活力，可以解酒，防止酒精性肝损伤。

九、抗酸性和抗溃疡活性

壳聚糖与药物制成制剂后，服后则逐渐膨胀，可防止药物对胃口刺激作用，尤其在酸性介质（pH＝1～2）中可漂浮，由此改善口服药在胃肠道，尤其在胃内滞留时间，提高药物的生物利用度。用壳聚糖和药物压片或制成微球时，应用海藻酸钠阳离子调节两者的配比可得到不同缓释作用的制剂。同样也可与某些水溶性药制成片剂使其降低药物的释放速率。与一些难溶性药物混合药物配制，亦可改善药物的溶解性和生物利用度。

十、调节神经末梢循环生理及内分泌系统

壳聚糖可改善神经末梢循环不良引起的肌肉细胞营养物质氧分供应不足，代谢废物堆积所引起的腰酸背痛。因为壳糖胺在体内分解产物葡萄糖胺等能刺激迷走神经副高感神经兴奋，使血管扩张。而且又对植物神经紊乱，更年期综合征，过敏性疾病等有较好的疗效，并对内分泌系统有调节作用。

十一、用于烧伤，烫伤，冻伤等各种外伤和外科手术

壳聚糖及壳糖胺有抗菌、止痛、止血和促进肉芽生长皮肤再

生功效，是制造人造皮肤的理想材料。它质地柔软、舒适，与伤口亲合力强，与创面的贴合性能好，既透气、又吸水，不但有抑菌消炎作用，而且具有抑制疼痛、止血、促进伤口愈合的功能，可被人体吸收，并可制成人工皮肤或血管等。用壳聚糖制成的人工皮肤不会发生人体排斥反应，随着患者创伤的愈合与自身皮肤的生长，壳聚糖人造皮肤能自行溶解并且被机体吸收，它不会留下碎屑而延缓伤口愈合，相反可促进皮肤再生，可使皮肤愈合良好。大面积用于创伤面，它可以促进细胞活化，产生胶原纤维，使皮肤愈合不会留下疤痕。壳聚糖人造皮肤的使用避免了在常规揭除时流血多而引起的病人痛苦，对治疗高热创伤和大面积创伤特别有效。

十二、制备手术缝合线、医用敷料、医用纤维纸

（1）手术缝合线　医用的手术缝合线在很长时间内用的是羊肠线，但羊肠线的不足之处在于缝合时不易打结，并且容易产生抗原—抗体反应，有时在体内的适应性不理想。

理想的缝合线应该在体内有良好的适应性，能容易被体内吸收；缝合时不易打结，符合手术操作要求。壳聚糖是天然生物制品，在体内酶解后可以被组织吸收，用壳聚糖制成的缝合线可以满足以上多方面的要求。

将壳聚糖制成透明溶液，经湿式纺丝制成粘胶纤维，可制成具有离子交换性能的织物壳聚糖纤维。壳聚糖纤维性能优于甲壳素纤维，润湿时抗张强度好。使用乙醇- $CaSO_4$ - NH_4OH 等溶剂制成的高纯度壳聚糖纤维，与生物体的相容性好，无毒、无副作用，可用作可吸收的手术缝合线。

将壳聚糖或其衍生物溶解在适宜的溶剂中，制成纺丝原液，通过纺丝头挤出单纤维，在凝固浴中凝固后制成壳聚糖丝，将丝捻成线，即成缝合线。这种缝合线的韧性为1.87千克。过程见图4-1：

溶剂　　　　水洗、干燥
　↓　　　　　　↓
壳聚糖──→壳聚糖溶液──→纺丝──→壳聚糖丝──→绞丝──→缝合线

图 4-1　壳聚糖缝合线生产流程

由壳聚糖制成的手术缝合线进行手术缝合时，肌肉阻力小，容易操作，打结时不会打滑。缝合线易被人体吸收，不过敏，可减少出血，可镇痛，能加速伤口愈合，能被组织降解并吸收，可促进组织生长，可替代肠衣手术线，而性能在许多方面优于肠衣。它机械强度高，可长期保存，能用常规方法消毒，可染色，可掺入药剂，能被组织降解吸收，可免除拆线的痛苦。壳聚糖也可制备不同类型的微胶囊，使高浓度细胞的培养成为可能。它不仅可以避免微生物污染，也容易进行生产的分离与回收。

（2）医用敷料　壳聚糖具有促进血液凝固、抗炎的作用，可缓解伤口疼痛。壳聚糖与伤口接触时，能起到清凉舒服的润肤作用，可用作止血剂，也用于皮肤溃疡、烧伤、擦伤等的辅助治疗。壳聚糖还可用于伤口的填料物质，起到杀菌、吸收伤口渗出物、促进伤口愈合、不易脱水收缩、减少疤痕的作用。由于壳聚糖具有良好的生物相容性，因此，甲壳素、壳聚糖及其衍生物可以通过粉、膜、无纺布、溶液、胶带、绷带、洗液、棉纸、干凝胶、水凝胶等多种形式制成伤口敷料。

有研究发现，以甘油为增塑剂，将壳聚糖的醋酸溶液进行溶液涂膜，制得柔软、透明且具有一定机械强度的手术后防止粘连膜，这种防粘连膜有止血、抗菌功能，并且能激活白细胞，可促进创伤愈合。

胶原是广泛存在于结缔组织的天然高分子，它能够促进纤维细胞的有丝分裂，提高伤口愈合速度。有研究发现，成纤维细胞可在壳聚糖与胶原、硫酸软骨素复合制备的三维支架材料支架上保持良好的细胞形态，并且合成大量的胶原及其他蛋白质，表明这种复合支架可用于皮肤组织的重建。

在治疗烧伤病人时，常常要在伤口去除坏死组织，并且在伤口上覆盖敷料。以防止伤口感染、细菌侵入和水分损失。以前采用人体自身皮肤或其他动物皮肤。但由于不易得，而且也存在排斥问题，因此，寻找其他可代替的合成材料是重要的研究方向。合成树脂薄膜曾经被用来作为医用敷料，但缺点是，要使薄膜长牢在伤口上需要很长时间，并且揭除时流血多，也会留下合成材料的碎屑，会延缓伤口愈合。

有研究者发现，明胶—壳聚糖敷料有很好的生物相容性，这种敷料对皮下脂肪的黏合力很强，还能抑制伤口收缩，防止伤口产生硬伤疤。并且由于这种敷料遇到水或生理盐水时形成水凝胶失去黏合性，因此，揭除敷料时很容易。

这种敷料制作过程见图4-2：

图4-2　明胶-壳聚糖薄膜制造流程

（3）医用纤维纸　医用纤维纸是用作敷贴于人体组织的医用材料，由于普通纤维纸的化学性质和生理性质与人体组织有很大不同，容易引起皮肤发炎，而壳聚糖制造的医用纤维纸是生物原料制造，与人体组织的相容性很好，不会引起皮肤发炎等问题。壳聚糖有优良的消炎、抗感染作用，有壳聚糖制造的纸既柔软，又有消炎作用，是理想的医用外科手术材料。

医用纤维纸的制造工艺见图4-3：

图4-3　医用纤维纸的制造工艺

造纸时不能使用干燥的甲壳质，否则纸的机械强度很低。一般将干燥的甲壳质浸在 80％尿素的水溶液中 24 小时，浸渍后再用水洗涤，然后将甲壳质分散在水中抄纸。

制成的甲壳质纤维纸多孔，有良好的透气性和吸水性，特别适合作医用材料。

十三、理想的护肤产品

利用壳聚糖的保湿性、成膜性、抑菌性和活化细胞的功能，制备高级护肤化妆品，可保持皮肤的湿润，增强表皮细胞代谢，促进细胞的再生能力，防止皮肤粗糙。

目前，化妆品中主要起保湿作用的透明质酸是由葡萄糖胺和葡萄糖醛酸的双糖重复聚合而成的一种高聚物。壳聚糖的衍生物 N-羧丁基壳聚糖可以替代透明质酸。目前，化妆品级的透明质酸特性黏度为 600～1 200 毫升/克，N-羧丁基壳聚糖为 910 毫升/克，达到可以取代前者的质量标准。不仅如此，N-羧丁基壳聚糖不含蛋白质，无异味，不影响化妆品乳化，同时也具有很强的抑菌作用，这是透明质酸所不具备的，它可以有效地抑制皮肤中的致病菌，效果与抗菌素相近。

壳聚糖无毒、无味，有抗菌作用和保湿功能，配入护肤品中，会增加产品的成膜性，不会引起任何过敏或刺激反应。不同分子量的壳聚糖有不同药理作用，高分子量的壳聚糖有抗金黄色葡萄球菌的作用，低分子量的壳聚糖有抗大肠杆菌的作用。低分子量的壳聚糖有更加好的保湿性能，由于低分子量的壳聚糖更加有利于水分子的接近，从而大大提高其吸湿性与保湿性，并且在一定范围内，随分子量的降低，保湿性能更加增强。

十四、止血、抗血凝和止痛作用

壳聚糖本身是一种止血物质，并且可以使血液抗凝。壳聚糖的止血作用机理是通过促进红细胞的凝集作用而实现的。红细胞相互间的排斥作用是使其不凝聚的重要原因。这种排斥作用来源于细胞膜上较多的负电荷，而壳聚糖所带的正电荷与细胞膜上较多的负电荷作用，促进血小板的凝集，激活凝血系统，交联红细胞形成血块。而且，壳聚糖有明显的膜形成作用，可以加速伤口愈合，防止出血，可作止血剂。壳聚糖可以促进伤口愈合，抑制伤口愈合中纤维增生，并促进组织生长。用壳聚糖水溶液和动物胶水的混合物涂于伤口表面，形成一层胶，伤口愈合效果更好。

甲壳素和壳聚糖对伤口疼痛有很好的舒缓作用，在与伤口接触时，有清凉、舒适的润肤作用。由于稀乙酸诱发的炎症疼痛，壳聚糖可吸收乙酸在发炎部位释放出来的质子而起到止痛的作用。

壳聚糖的衍生物——壳聚糖硫酸酯，是经磺化制备的，结构类似于肝素，具有抗凝血、抗肿瘤，降血脂作用，并具有很强的抑制病毒的作用，有望开发成新的降压药物及治疗心血管病的药物。

十五、控制水溶性药物的溶解速度，制备长效释放的水溶性药物

壳聚糖具有很好的生物相容性，并且无毒性，能够被生物体完全吸收。因此，用壳聚糖作药物缓释剂有很大的优越性。例如，可生物降解的壳聚糖微球体可控制抗肿瘤药物的释放量；用壳聚糖、明胶、果糖和天然高分子材料合成的壳聚糖凝胶，易被人体消化吸收，可作为药物控制释放的载体，在医药领域用广阔的前景。

甲壳素和壳聚糖，具有调整药物的溶解能力和提高生物有效性的能力。难溶性药物与壳聚糖一起磨细时，其药物粒子大小有所降低，溶解速率明显增强，壳聚糖可以增进难溶性药物的溶解速率。利用壳聚糖对机体的适应性好，并可在机体内消化、分解的特点，可制备适当的剂型，如：缓释片剂、缓释剂、粉剂、微囊剂、药用乳剂等。

有研究报道，药片中壳聚糖的含量越多，延迟释放的作用越

明显，壳聚糖的这种生成凝胶的性质，对制备长效释放药片很有用。因为形成胶后可以包裹药物，从而减轻对肠胃液的刺激，使药物从凝胶中释放出来的速度保持稳定。

有研究者发现，可将壳聚糖制成微胶囊，人体服用后有明显的缓释功能。将壳聚糖与海藻酸盐、胰岛素制成微胶囊，此微胶囊在胃液中和小肠液中有一定的缓释作用，在临床应用中效果很好。

十六、壳聚糖在人工细胞研究及人造器官中的应用

自 1980 年 F. Lim 和 A. Sun 发明了海藻酸——聚赖氨酸——海藻酸（APA）微胶囊，并用于包埋胰岛细胞取得成功，标志着人工细胞的研究进入了一个新的阶段。APA 微囊胰岛细胞可作为生物人工器官移植入宿主，并能部分替代胰脏的功能。APA 微胶囊渗透性、生物相容性以及机械强度等性能良好，是一种理想的人工细胞用微胶囊；作为其原料的海藻酸钠和聚赖氨酸都是无毒的，且是生物相容性良好的天然高分子材料，长期植入生物体内安全可靠。由于 APA 微胶囊具有诸多优点，所以得到了广泛的研究和应用。

人工细胞所用囊材有严格的限制，在众多的材料中，目前以海藻酸、聚赖氨酸和壳聚糖应用最为广泛。目前，最成熟的人工细胞体系也是海藻酸——聚赖氨酸——海藻酸（APA）体系，使用安全可靠。但与壳聚糖相比，聚赖氨酸价格昂贵。因此，以壳聚糖来替代聚赖氨酸进行人工细胞的研究受到各国学者的普遍关注。目前，用不同来源的壳聚糖来制备不同用途的微胶囊，这项研究已取得了相当的进展。

壳聚糖与磷酸钙复合制成生物水泥材料，可以和骨头生长成为一个整体，使受损的骨头恢复到较高的机械力学性能，可替代骨，用于骨的修补及牙齿的填料。有研究发现，将上述材料固化后，移植到小鼠的断骨之间。观察发现，4 周后炎症基本消失，新生成的骨头与生物水泥材料黏合在一起，由此可见，壳聚糖与

磷酸钙复合制成的生物水泥材料具有良好的机械性能和生物相容性。

壳聚糖衍生物与聚酯复合可制成人造血管,壳聚糖还可制成"人造皮肤",与天然皮肤有极其相似的功能,可使伤口免受细菌的感染,促进伤口愈合。

十七、口腔卫生制剂

口腔健康、牙齿健康是目前人们很关注的话题。龋齿是由于口腔内的有机酸引起的,尤其是乳酸可严重溶解牙齿的釉质。根据报道,pH≤5.4就会发生脱釉作用。因此,保持口腔 pH 在 7 左右,就能抑制釉齿的发生。由于壳聚糖是碱性,可添加在牙膏、牙粉或漱口液中,中和乳酸的酸性,提高口腔 pH,达到预防龋齿和牙周炎的作用,同时可以减轻口腔异味。

以下是一些口腔卫生制剂的配方,数值是口腔制剂的质量百分数(表 4-1、表 4-2、表 4-3)。

表 4-1　含有壳聚糖的牙膏配方

原　　料	配方 1(%)	配方 2(%)	配方 3(%)
磷酸钙	45	50	0
山梨醇	20	20	0
月桂基硫酸钠	1.5	0	0
焦磷酸钙	0	0	50
甘油	0	0	20
壳聚糖	3	4	2
甲基对羟基苯甲酸盐	0.015	0	0
糖精	0.1	0.1	0.1
香料	1	1	1
水	余量	余量	余量
总量	100	100	100

表4-2 含有壳聚糖的漱口液配方

原　料	配方1（%）	配方2（%）	配方3（%）
90％乙醇	20	20	20
月桂基硫酸钠	0.5	0.5	0
一氟磷酸钠	0.15	0	0.15
壳聚糖	1	10	2
糖精	0.1	0.1	0.1
香料	1	1	1
水	余量	余量	余量
总量	100	100	100

表4-3 含有壳聚糖的口香糖配方

原　料	配方1（%）	配方2（%）
醋酸乙烯酯基胶料	25	30
粉状山梨醇	54.8	0
麦芽糖醇	12	8
碳酸钙（食品级）	2	0
甲壳素	3	60
壳聚糖	2	0
甜味剂	0.2	1
香料	1	1
色素	适量	适量
水	余量	余量
总量	100	100

十八、医用膜或半透膜

半透膜是一种膜状物，能够使低分子溶剂或溶剂中的低分子离子通过，而胶体粒子和高分子不能通过，可用作渗析膜、分子过滤器、超滤膜和反渗透膜等。半透膜适用于高分子溶液的精制，血液的渗析等医用半透膜。壳聚糖薄膜的特性优于醋酸纤维素薄膜和芳族聚酰胺薄膜等。前两种薄膜在 pH 高时会水解，干燥保存时薄膜的结构会发生变化，使半透膜的特性消失。而壳聚糖薄膜是天然高分子物质，制成半透膜后，对高分子物质和低分子物质的分离性能优良，透水速度快，用作超滤膜和反渗透膜效果很好。

用壳聚糖溶液与多肽溶液混合均匀，涂在平板玻璃上，凝固后制成壳聚糖薄膜，这种薄膜均匀、透明、柔软，具有良好的弹性和强度，是很好的医用材料。人工肾是由高分子材料制造的渗透膜，装在一定的容器中制成的透析器。其透析膜必须具有很高的机械强度和对血液的稳定性。目前，用作透析膜的高分子材料有骨胶原蛋白，以及用铜氨法制造的铜珞玢纤维素、聚硫橡胶等。而壳聚糖薄膜具有很好的机械强度，可以透过尿素、肌酐等水溶性有机物，但不透过 Na^+、K^+、Cl^-、等无机离子及血清蛋白，透水性好，是一种良好的人工肾用膜。

壳聚糖溶液与藻酸溶液相互作用可形成一种不溶于水的生物膜，这种生物膜具有良好的生物相容性和生物活性，可被移植到切除了胰脏的动物体内，用来控制血糖浓度。

有研究发现，将壳聚糖与乙酸混合溶解制成壳聚糖膜，并且测试了膜的抗拉强度和透气性，得出这种膜的最大抗拉强度可达到 750 牛/米，最大透气性可达到 295 毫升/分，几乎没有透水性。如果用戊二醛对其交联后再制膜，膜的机械强度会更加增强。可见壳聚糖膜有较高的抗拉强度，透气性好，不溶解于水，对水的透过性很小。

用壳聚糖制成的膜可促进伤口止血、伤口愈合，能促进组织生长，对烧伤、烫伤有独特疗效。有研究者用两只皮肤受伤的兔子实验，一只伤口用壳聚糖复合膜敷贴，另一只伤口经过消毒，用纱布包扎。10天后发现，用壳聚糖复合膜敷贴的创面已经愈合，无疤痕，复合膜也被吸收。而另一只没有用复合敷贴膜的创面发炎，虽然用消炎药治疗愈合，但留下了疤痕。由此可见，壳聚糖复合膜敷贴膜对皮肤表面无毒、无刺激，具有良好的生物相容性，壳聚糖膜具有保湿、透气、杀菌等功效。

十九、眼科药物载体，抗眼组织纤维化

眼药制剂通常有三种剂型：溶液、混悬液、软膏。溶液和混悬液有缺点，如在眼部用药后药物容易溢出眼外，造成药物流失；眼药软膏会造成视力模糊。而壳聚糖的加入可延长药物在眼表的停留时间，使眼角膜表面保持较高的药物浓度，增加药物在眼内的渗透性，提高药物的利用度，也避免了药物的全身副作用。

壳聚糖具有选择性抑制纤维细胞生长的特性，现在已经被广泛用于预防外科手术后的组织粘连。对青光眼滤过术后结膜下注射壳聚糖溶液，眼压可长期维持在较低水平，滤过道通畅。所以，壳聚糖溶液可以用于青光眼手术。

第二节　甲壳素、壳聚糖在食品工业中的应用

一、液体食品的澄清剂

壳聚糖有絮凝剂的作用，还有去除杂质使液体澄清的作用。壳聚糖无毒无味，可生物降解。不会造成二次污染，非常适合于食品工业的要求。混合果汁中含有果胶和其他微小颗粒等，果胶是多糖醛酸，可与带正电荷的大分子产生静电作用而相互吸引沉淀下来，由于壳聚糖是大分子高黏度的絮凝剂，在酸性条件下带有正电荷，是阳离子絮凝剂，所以对果胶有很强的凝集能力，同时对色素也有较强的吸附作用。在液体食品中加入壳聚糖，能够除去液体中的胶体物质、悬浮颗粒及大部分酚酸类物质，使果汁

色泽变淡，澄清透明，从而提高液体产品品质。而且壳聚糖能螯合金属离子，改善风味。经过滤得到澄清稳定的液体产品，不产生混浊。用壳聚糖作为絮凝剂，不仅生产成本降低，而且生产周期短，可以提高产量，在处理过程中减少不必要的损失。在澄清果汁中添加壳聚糖作为助剂，可促进固液分离，从浑浊果汁中除去酸和悬浮的固体颗粒，增加了透明度，提高了果汁产品的质量。有研究发现，用大米发酵生产的米酒浊度为350°，如在每升米酒中加入3毫升0.2％的壳聚糖酒石酸溶液，搅拌静置，悬浮物立即凝集，经过过滤，可得到浊度为5°的酒，使米酒澄清度有很大提高。

壳聚糖有净化原料糖汁的作用。原料糖汁中含有大量无机胶体物质、有机胶体物质、纤维素和其他微小的悬浮物，在制糖时必须进行分离。在原料糖汁中添加0.1％的壳聚糖溶液，能够使原料糖汁中的悬浮物迅速凝集，凝集的颗粒物沉降迅速，并且容易过滤，从而大大降低了制糖的成本。

为了提高饮料的澄清度和稳定性，常常用壳聚糖进行处理，效果很好。有研究发现，向菊花浸提液中加入0.5％的壳聚糖溶液，搅拌1小时，于0～4℃条件下澄清，可获得良好透明度的饮料。在红枣浸提液中加入壳聚糖溶液，澄清作用很好，澄清液的透光率达到95％以上，红枣汁清澈透明，色泽自然，枣香浓郁；在荔枝和茶的混合饮料液中，用0.2克/升壳聚糖处理，在室温静置4小时，得到清澈透明、透光率97％以上、热稳定性很好的荔枝茶饮料。

我国生产的黄酒，存放了一段时间后，往往瓶底出现一层沉淀物，用许多方法也难以解决。有研究发现，将一定量的壳聚糖溶液加入黄酒中，黄酒的稳定性增加，沉淀物减少，黄酒的口感也变得更加好。

果酒是由果汁生产的，果汁中含有蛋白质和果胶，也有一些金属离子，这些成分在储存的过程中会发生一些化学反应，如：蛋白质与金属离子螯合，或果胶与金属离子螯合，可以生成分子量更大的物质，这些物质不溶于水，可从果汁中析出，使果汁变浑浊，并产生沉淀。果酒也是同样情况，因此，果酒要进行澄清处理。许多厂家用离子交换树脂处理果酒，更多地用明胶、硅胶、单宁等处理。有研究发现，壳聚糖不仅能够絮凝果酒中的胶体颗粒，而且能够螯合果酒中的金属离子，经过滤，可以得到清亮的、稳定性好的果酒。同时，由于壳聚糖能够吸附果汁或果酒中的有机酸，从而改善了果汁、果酒的口感。

二、食品防腐保鲜剂

（一）食品保鲜剂

由于甲壳素、壳聚糖有明显的生物黏合成膜特性，所以可以作为果蔬产品的保鲜剂。壳聚糖膜可以防止果蔬的水分失去，延缓营养物质消耗，延迟果蔬成熟，达到保鲜目的。

有研究发现，壳聚糖对鲜切苹果具有很好的保鲜效果。鲜切苹果在餐桌上的最大问题是容易褐变、腐烂，经过壳聚糖处理后的苹果具有很好的保鲜性，可以形成保护膜，还可促进生理活性，延缓苹果氧化褐变，减少腐烂，对于蔬菜、水果的进一步加工有重要作用。

试验表明，用壳聚糖配制成壳聚糖醋酸溶液，喷洒或浸泡鲜切苹果，浸泡时间在 1 分钟内保鲜效果最好；浸泡温度在较低温度如 0 ℃时，保鲜效果较室温为好。由于可滴定酸度是影响水果品质的重要因素，要求水果高糖中酸，风味浓、品质优。经过壳聚糖处理的鲜切苹果，高糖中酸、保鲜效果及口感都很好。由于壳聚糖是纯生物来源，无毒无味，成本低，在鲜切苹果保鲜中有很好的效果。

试验表明，将壳聚糖适当与茶多酚少量制成溶液，配制成水果保鲜剂，将草莓放置在保鲜剂中浸泡 5 分钟，捞出，沥去多余水分，置阴凉干燥处晾干，测定草莓失重率，与未经浸泡的草莓进行比较，发现用壳聚糖浸泡过的草莓失重率比对照组低。因为壳聚糖可以在草莓表面形成一层透明的薄膜阻止了草莓表面的蒸腾作用，茶多酚有抑菌作用，也能够很好地抑制有害微生物对果实造成的损害。经过壳聚糖保鲜剂浸泡过的草莓，腐烂时间较未经保鲜剂浸泡的草莓延长2天，说明壳聚糖、茶多酚保鲜剂有很好的抑菌作用。

草莓的外观品质与口感，是影响其商业价值的直接因素。试验发现，经过茶多酚、壳聚糖保鲜剂处理过的草莓，色泽好、香味浓、水分足、饱满度好，各项指标均比对照组高，说明壳聚糖、茶多酚保鲜剂能够明显改善草莓的感官品质。这种保鲜膜可以使草莓与空气隔开，降低空气透过率，抑制草莓的呼吸速率，可有效减缓有机酸含量的降低，对保存草莓的风味有良好的效果。

由于糖含量的高低，直接影响草莓的口感，而呼吸作用可以降低草莓中的可溶性糖，使口感变差。用壳聚糖、茶多酚保鲜剂处理过的草莓，在草莓外层形成保护膜，能够降低草莓的呼吸强度，从而减缓草莓可溶性糖的降低。

国内近几年来，研究了N,O-羧甲基壳聚糖对猕猴桃、草莓、水蜜桃等水果的保鲜作用。N-羧甲基壳聚糖的螯合作用在保存肉类方面也发挥了有利的作用，它能避免己醛和不愉快气味的形成，起抗氧化的效果。

（二）食品防腐剂

壳聚糖对许多细菌、真菌具有很强的抑制作用，因而可作为食品的防腐剂。研究发现，壳聚糖对金黄色葡萄球菌、大肠杆菌、沙门氏菌等食品中常见的菌类有很好的抑制作用。以前常常用醋酸作为食品的消毒防腐剂，现有研究发现，将醋酸与壳聚糖混合制成溶液，其抑菌作用明显高于醋酸，对食品、特别是肉类食品有明显的防腐杀菌功能。

（三）食品保鲜膜

水果、蔬菜在采摘后，根系的水分、养分中断，但其自身的呼吸、蒸腾作用依然存在，还在不断消耗养分和水分，使产品出现皱褶，质量下降。所以，防止水分蒸发，抑制呼吸作用是水果保鲜的重要步骤。以往的包装膜是塑料产品，在应用中发现它并不能很好保鲜果蔬，并且造成环境污染。以壳聚糖为原料生产的保鲜膜，其原料是天然的生物多糖，安全、无毒、可被生物降解，用作水果、蔬菜的保鲜膜，有一定的阻气性和阻水气性，有良好的抗张强度，可调节果蔬采摘后的生理代谢，同时具有一定的抗菌性能。目前有研究发现，壳聚糖包装膜对西红柿、猕猴桃等果蔬有很好的保鲜效果，可大大延长其保质期，并且在运输过程中能保证其质量。

三、食品絮凝剂

壳聚糖有絮凝剂的作用，除了有去除杂质使液体澄清的作用，还可以处理废水，回收蛋白质，减少水体污染。壳聚糖作絮凝剂对蛋白质、活性污泥有很强的吸附作用，可以从食品加工的废水中回收蛋白质。有研究表明，有壳聚糖处理菠萝汁，可以将其中的果胶除去，蛋白质的含量有所降低，而果汁中的维生素 C 等基本没有变化，果汁经过这样澄清处理后，透光率有很大增加。

使用壳聚糖作为絮凝剂澄清水果糖液时，有以下优点：①悬浮物的凝结速度比较快；②产品上清液澄清度高，透光率好，形成的滤泥过滤性能好；③选择壳聚糖作为絮凝剂，成本低，效果好；④由于壳聚糖是天然产品，得到的水果糖液完全符合食品安全标准。

实验室取 10 升蔗糖汁，煮沸，用碳酸钙调节 pH 为 7.5。搅拌，同时缓慢加入壳聚糖 20 毫升，继续搅拌 1 分钟形成絮凝物，静置 1 小时吸取上清液，得 9 升糖汁和 1 升滤泥。如果加入壳聚糖 30 毫升，沉降速度更快，上清液透明度更好，凝结物也较多。

糖蜜是食用糖生产中的主要副产物，含有大量的固形物，特别是有机、无机胶体物质及盐类物质。因此，能否有效利用糖蜜是关系食用糖生产成本的重要因素。研究发现，糖蜜经过脱色、脱盐、澄清后即可回收糖或可直接食用，但澄清困难。糖蜜中的悬浮物不凝集，或者凝集速度慢，凝集物难过滤等。通常采用的海藻酸钠、单宁酸等方法都不能得到好的效果，用壳聚糖和单宁酸为絮凝剂，悬浮物会迅速沉降，容易分离。

四、食品增稠剂

壳聚糖与酸性多糖反应，能够形成类似于肉状组织的纤维材料，可以用作食品的增稠剂。

酸性多糖可选用果胶、卡拉胶、槐树胶等，壳聚糖可用稀有机酸溶解，反应比例以生成增稠性物质为准。这种增稠剂添加在肉肠中，可使肉肠在加热是减少水分流失 60％以上，使肉肠品质得到改善。

将壳聚糖溶解在水中，剧烈搅拌，随着剪切作用进行，溶液黏度增加，最后形成凝胶状溶液，可作为食品的增稠剂。这种增稠剂可用于花生酱、芝麻酱、蛋黄酱等罐头食品的制作，也可用于奶油等产品的制作。这种增稠剂比较稳定，在较高和较低温度均不会出现失稳现象，是性质良好的增稠剂。

以下介绍一些增稠剂的制作方法：

（1）将壳聚糖溶于水中，加入少量乙酸（占总量约 0.3％），剧烈搅拌，再加入少量无水氯化钙，剧烈搅拌，可形成纤维状沉淀。这种纤维状沉淀有肉类组织特性，是天然的肉质品添加剂，可制作罐头午餐肉，风味与肉制品相同，但热量比肉制品减半。

（2）将壳聚糖溶于水中，加入果胶、卡拉胶或槐树胶等，剧烈搅拌，形成凝胶状溶液，可作为食品的增稠剂。

五、功能食品添加剂

壳聚糖具有优良的生理活性和功能保健作用，可广泛应用于功能食品中，如减肥食品、调节肠内菌群食品、微量元素补给食品、降血压食品、抗癌食品。

壳聚糖可以制成减肥食品。有实验发现，壳聚糖和甲壳素能阻止消化系统吸收胆固醇和甘油三酯，能够促进这些物质由体内排出，提高机体免疫力。人体摄入壳聚糖后，在体内可与脂类物质（如胆固醇、甘油三酯、脂肪酸等）结合形成络盐或复合物，这种产物具有很强的疏水性，不被胃酸所水解，也不被消化系统吸收，从而随粪便排出。而壳聚糖与这些脂类物质结合后，仍然能够进一步结合更多的脂类物质。因此，壳聚糖可以作为脂肪清除剂添加到食品中去。一方面它可以减少人体对脂类物质的吸收；另一方面它也可以结合食品中的脂肪而降低了食品的热量，同时也满足了人们对脂肪的口感要求，可以制成减肥食品。

壳聚糖还可以帮助补充微量元素。由于壳聚糖分子中每个糖残基上存在相邻的氨基和羟基，能有效结合或螯合金属离子，将这些螯合物添加到食品中去，可以制成微量元素补充食品。另外，壳聚糖也可以在体内的条件下，结合一些微量元素，防止体内这些微量元素的流失，促进这些微量元素的吸收和利用。

壳聚糖可以作为调节肠内菌群食品。由于牛奶中没有双歧因子，也缺少双歧杆菌，长期吃牛奶的婴儿，不能很好消化牛奶中的乳糖，所以常常发生肚胀或呕吐。将壳聚糖加入到牛奶中，有利于双歧杆菌的生长，也促进了乳糖酶的生长，在肠道内可以恢复菌群的生态平衡，纠正菌群的失调，防止婴儿肚胀；在食品中加入壳聚糖，也可以预防便秘。

壳聚糖也可以作为豆腐的凝固剂，如：在 100 份的豆浆中加入 6 份 0.4% 的壳聚糖溶液，经过搅拌，大豆蛋白迅速凝集，经过滤、脱水，可得到 10 份含水 76% 的豆腐，固形物含量仅 0.9%，滤液清澈透明。

利用壳聚糖的凝集作用，可使食用酵母的生产提高收率，如在 100 毫升酵母液中加入 1%～3% 的壳聚糖乙酸溶液，在 45 ℃、

pH5.5 的条件下保温、分离、干燥，可获得 150 克干酵母粉。这种酵母粉能用于馒头、面包的发酵，可以使馒头、面包具有独特的风味。

壳聚糖可以与酸性多糖反应，生成壳聚糖的酸性多糖络盐，可作为组织形成剂。用壳聚糖与猪肉、牛肉、禽肉等混合，制成填充食品，这种食品热量低，但风味不变。也可以通过添加香料、调料、色素等制造各种食用的人造肉类食品，满足一些不愿直接食用肉类的人群需要。

六、可食用薄膜

(一) 可食用薄膜

普通淀粉薄膜，耐油性好，常用于油脂食品的包装。但这种薄膜一般是水溶性的，在有水时即溶化，不能包装含水量高的食品，使它的应用受到限制。

壳聚糖和淀粉制成的薄膜，既可以食用，又可以在水中保持原有特性，可用做包装含水量高的食品。

将壳聚糖用醋酸配制成浓度较稀的溶液，一般为 3%～5%。如果浓度高，溶液黏度大，加工困难。将配制好的壳聚糖溶液与淀粉溶液混合，将混合液均匀流淌在平板上，使形成薄层，干燥后形成薄膜。这种薄膜在干燥或湿润状态都具有良好的机械强度。薄膜中壳聚糖与淀粉的比例与其在水中的溶解状况有关，薄膜中壳聚糖的比例高，薄膜在水中越不易溶化，可选择适当比例使薄膜在冷水或热水中有良好的不溶解性。

制得的薄膜需在碱水中处理，然后再用水洗涤，即得到在水中不溶化的可食用薄膜。这种薄膜的抗拉强度好，一般伸长度为 4%；如果将薄膜在室温下的水中浸 24 小时，其伸长度为 60%。这种薄膜在沸水中浸 30 分钟，失重率仅为 2.5%，即使在沸水中长时间浸渍，也不易溶解，显示出良好的不易溶化的特性。表 4-4 比较了不同比例的淀粉壳聚糖薄膜的特性。

表4-4　淀粉壳聚糖混合比对薄膜性能的影响

序号	淀粉壳聚糖混合比（重量比）	伸长度为（%）		在沸水中浸0.5小时后的失重率（%）
		干态	湿态	
1	50：50	4	60	2.5
2	70：30	4	55	4.5
3	80：20	8	110	4.8
4	90：10	—	—	11.0

注：试料：长2厘米，宽1厘米；干态：室温20℃，相对湿度50%；湿态：水中浸24小时后。

（二）阻油性壳聚糖包装膜

如将壳聚糖、淀粉，再配以增塑剂、增稠剂、防腐剂等，经过特殊工艺加工，制成复合包装膜，这种膜有着非常好的阻油性能，可有效应用于油炸食品、糕点等含油量比较高的食品内包装。这种包装材料有很好的抗张强度、延伸率，很好的耐水性和阻油性。以往的油性食品包装多用纸类，但纸类的机械强度低、防湿性能差，并且易吸油，这些因素阻碍了纸类包装的发展。另一种塑料类包装材料，虽然机械性能好，但会给环境带来污染。综合考虑，壳聚糖包装材料有着非常突出的优点，作为包装材料的发展前景非常广阔。

（三）肉类产品的包装膜

壳聚糖保鲜膜对猪肉有很好的保鲜效果。壳聚糖与醋酸的复合材料制成的包装膜可有效延长猪肉的保鲜期。壳聚糖保鲜膜是天然可食用保鲜膜，壳聚糖形成的包装膜具有一定的抑菌性，它通过肉类产品的包装膜形成的气调环境的同时，还会抑制微生物的生理活动，可起到双重杀菌作用，应用于肉质产品包装后，可以改进肉类食品的品质，延长保质期，达到保鲜的目的。

七、抗氧化剂

肉类食品中由于含有不饱和脂类化合物，所以容易被氧化，使肉类食品腐败变质，破坏了肉类食品的风味。经过壳聚糖类处理过的肉类食品，抗氧化性有很大提高。有研究表明，经过羧甲基壳聚糖处理过的熟肉，冷藏 9 天后风味不变。这是由于肉在热处理过程中，自由铁离子从肉的血红蛋白中分离出来，与壳聚糖形成螯合物，抑制了铁离子的催化活性。

八、提取色素

虾壳中的红色成分主要是虾黄质和虾红素，是天然的食用色素。磷虾作为海洋中的可再生资源，来源丰富，提取其中的色素前景很好。

用有机溶剂提取虾壳中的色素，如用氯仿、丙酮、异丙醇等溶解虾黄质和虾红素，然后用水洗去蛋白等杂质，再用活性炭处理精制提取物，得到红色油状色素。

提取的色素有良好的特性，如：对热有良好的稳定性，其稳定性优于天然色素甜菜根红色素；对光有良好的稳定性；这种色素是脂溶性色素，染色性能好，对 pH 变化具有稳定性；色素中含有维生素丰富的 A。这种色素中由于含有虾黄质和虾红素，而虾黄质氧化后可转变成为稳定的虾红素，由于虾黄质和虾红素的颜色几乎完全相同，所以氧化不会引起色素的颜色变化，相反，这种色素还起到抗氧化的作用，这种特性是其他色素不具备的。

由于提取的这种色素是天然色素，可以分散在食用油和乙醇中，再对食品、饮料等进行着色。

提取色素的原料，可直接用虾、蟹壳，也可以用回收蛋白质以后的残渣作为原料，使壳聚糖生产过程达到综合利用。

以下是实验室制取少量色素的方法：

将虾、蟹壳粉碎，取 5 千克粉碎的虾、蟹壳，加 10 千克氯仿，浸渍 3 小时，过滤（滤液可再次使用）。经水洗、脱水、蒸馏除去氯仿，可得到 0.4 千克的色素。这种色素可添加在食品、饮料、冰淇淋等食品中，得到浅红色的制品，可增强食欲。

九、处理食品工业废水

在粮食加工、乳制品加工、蔬菜及果汁加工等行业中，有大量含有悬浮物的废水排出，这些废水如果不经过处理就排放，会造成环境的严重污染，并恶化水质。

壳聚糖可作为食品工业废水的絮凝剂，可使废水澄清，并且能够回收废水中的蛋白质和淀粉等，用作动物饲料。

如：在粮食加工厂的废水中，加入壳聚糖（悬浮物质量的 1%）以及含羧基的高分子物质（悬浮物质量的 0.8%），可是废水快速变澄清。含羧基的高分子物质可以是羧甲基纤维素、卡拉胶、硫酸软骨素等，这些高分子物质无害，在回收的蛋白质和淀粉用作饲料时没有影响。

粮食加工厂的废水，未处理前含悬浮物 2 200 毫克/千克，若只添加含羧基的高分子物质，如卡拉胶，废水中的悬浮物为 1 300 毫克/千克；经过加壳聚糖处理，废水中的悬浮物为 33 毫克/千克，悬浮物大量减少，约减少 90%左右。

第三节　甲壳素、壳聚糖在纺织印染中的应用

一、可作为纺织品的上浆剂和整理剂

壳聚糖作为织物的上浆剂和永久整理剂，可以改善织物的洗涤性能，使织物耐水洗，耐摩擦，具有固色和增强作用，提高织物的坚牢度，减少皱缩率，增强可染性，使织物具有滑爽光洁、挺括的外观和手感。

用壳聚糖的醋酸溶液处理坯布，壳聚糖溶液渗入纤维内部，干燥后形成一层不溶于水的保护膜，能够使坯布挺括，织物中丝

的强度提高 20％，纺织时不易断头，不起毛；用这样的织物制作服装，挺括、丰满、垂感好。壳聚糖织物的染色性能很好，可直接染料染色，可提高织物的皂洗牢度和汗渍牢度。可将直接染料染色的布坯，干燥后用壳聚糖和醋酸溶液混合液浸轧过、烘干，再用碱水浸轧，洗去碱液，再次烘干即可。壳聚糖的稀醋酸溶液可用作印花糊的增稠剂和固色剂，不仅可以增加织物的耐光、耐洗、耐磨牢度，还使织物光洁、挺括，花色经久不褪。用壳聚糖的稀醋酸溶液处理后的真丝织物，具有更好的悬垂性，并且其原有的光泽和色牢度也保持不变。

壳聚糖溶液与乙酸酐乙醇溶液混合处理亚麻织物，在织物的表面可形成一层整理膜增加了纤维的强度，可大大提高织物的抗皱性能。

在防皱整理的过程中，无毒、无环境污染。与传统方法相比，整理后的织物不泛黄，强度、白度、耐水洗性能都很好。在添加适量柔软剂和催化剂后，可作为永久的防皱整理剂，适用于对纯棉织物进行整理，可大大改善纯棉织物的抗皱性能。

涤纶纤维具有优良的物理机械性能，这种纤维应用广泛，但吸湿性较差，容易产生静电现象。经过改性后的羧甲基壳聚糖具有良好的水溶性，采用浸轧法处理在涤纶织物上，使涤纶织物具有良好的导电性和电磁屏蔽功能。

二、在纺织品中添加壳聚糖，具有良好的抗菌性

由于纺织品易附着微生物，使微生物易于繁衍，造成疾病传播。因此，对纺织品进行抗菌处理或对织物进行抑菌功能改进，可减少有害微生物对人体的侵害。壳聚糖对多种细菌和真菌呈现抗菌性和抗霉性，可作天然抗菌剂。实验证明，壳聚糖对大肠杆菌、枯草杆菌、金黄色葡萄球菌、乳酸杆菌等都有明显的抑制作用，并且由于壳聚糖的水不溶解性，纺织物经过多次洗涤后抗菌效果不会减弱。

在纺织品中添加壳聚糖，具有良好的抗菌性和防臭功能。目前，国外已经有生产出的添加壳聚糖的纺织品，其具有抗菌、防臭、透湿、防水等功能。可制成抗菌衣裤、抗菌袜及宇宙飞行服等抗菌、防臭功能的织物，极大地提高了纺织品的应用范围。

也可通过后处理，将壳聚糖附着在纺织物上，制成医用手术布、伤口创面敷料。有研究结果认为，当纺织物中壳聚糖纤维含量在 2％以上时，抗菌效果接近 100％。

壳聚糖或甲壳素纤维含量为 25％的棉织品或涤棉织品，具有明显的抗菌效果，甲壳素纤维棉织品或涤棉织品对大肠杆菌的抑菌率为 90％以上，对金黄色葡萄球菌的抑菌率达到 98％以上。

有研究发现，将真丝织物用壳聚糖和醋酸溶液处理，其抑菌性能有很大提高，当壳聚糖的附着率为 0.9％时，处理后的织物微生物繁殖量仅为处理前的 1/30，充分说明壳聚糖具有优良的抗菌性。

三、可以改善纺织物染色性能

壳聚糖可作为纺织物的整理剂，在染色时有固色作用。由于壳聚糖与纤维素有相似的结构，很容易吸附到织物的表面，并且在稀酸溶液中，壳聚糖有正电荷，可以使阴离子染料的上染速率和固色率得到提高，对日晒牢度和水洗牢度都有所改善，并使织物有光滑和挺括的外观和手感。

壳聚糖本身有优良的吸湿透气性、反应活性、吸附性、黏合性等，在染色的多个工序中都可应用。壳聚糖用于染色前处理，可提高织物的吸色性能，使色泽加深，可节约染料。如果用于涂料染色和印花，可作为染色剂和固色剂。壳聚糖用于染色后整理，可提高纺织物的染色牢度，提高纺织物的抗皱性、抗菌性和抗静电性。用壳聚糖处理后的羊毛纺织物，能消除染色中的色泽差异，提高上染率，起到匀染的作用。

对于氨纶、腈纶、涤纶等人造纤维及羊毛、丝绸织物等较难染色纺织物，可用壳聚糖和 Cr^{3+}-氨基苯甲酸络合物的水溶液进行处理，使纺织物表面形成一层薄膜，这层薄膜对染料有强的亲和力，可将染料牢固吸附在纺织物表面。将涤棉混纺物经过壳聚糖溶液处理，将黏稠的壳聚糖溶液涂于纺织物上，干燥后形成的薄膜有黏合力和弹性，用于蜡仿印花，具有优良的蜡仿效果。将壳聚糖用于纺织物的后整理，可保持织物的吸水性和透水性，还可达到防缩、防皱、挺括的功能。有研究表明，真丝织物经过壳聚糖处理后，上染率大大提高，与未经过处理的真丝相比，可节省染料 30%。羊毛织物经过壳聚糖处理后，上染速率也大大提高，染色时可降低染色温度，缩短染色时间。

改性后的壳聚糖也有良好的固色效果。在活性染料固色剂中，加入少量羧甲基壳聚糖，可以提高活性染料染色织物的日晒牢度。羧甲基壳聚糖既能与阴离子性染料发生反应，封闭染料的亲水基团，增大染料分子，使其沉淀在纤维上，从而提高纺织物的染色牢度，又具有良好的成膜性，可以在纤维表面成膜，增加对染料的保护作用，从而提高日晒牢度。

四、壳聚糖纤维及其特性

目前，利用甲壳质、壳聚糖及其衍生物制作成复合材料，将复合材料制成壳聚糖纤维，再制成服装材料。这种纺织物强度好，由于有氨基，染色性能好，对蛋白质的吸附能力强，可加工成无纺织布。这种纺织物是三层复合材料，贴近皮肤的一层是壳聚糖材料，中间一层是聚氨酯等的透溶层，外面一层是防水布层。

在尼龙和聚氨酯纺织物表面和衣料上涂覆壳聚糖后，吸湿性非常优良，壳聚糖材料层比普通纤维的吸水性要高 2 倍，与皮肤接触时柔软、舒服，这种材料用来作运动衣、防雨服等。目前国内已经生产出这种复合服装材料，并且生产出各类针织服装。

由于壳聚糖纤维材料是天然纤维，无毒、无味、无刺激性，有很好的吸湿性，保湿能力比纯棉制品高出 7 倍，易与人体接近；这种纤维带有正电荷，可吸附细菌，破坏细菌细胞壁的原有结构，从而起到杀菌的作用，并且也消除了由于细菌产生的异味，具有抗菌、防臭等功能。而且废弃后会被微生物分解，环保、安全。

在搅拌下将壳聚糖溶解在 5% 乙酸溶液和 1% 尿素的混合溶液中，经过滤、消泡得到纺丝原液。用直径 0.14 毫米、180 孔的喷嘴将纺丝原液挤出到室温凝固液中，凝固液为不同浓度的氢氧化钠溶液和乙醇的混合液，10% 氢氧化钠溶液和乙醇的混合比例 9：1～1：1 时，纺丝效果较好。形成的纤维用温水处理，卷绕，80 ℃ 干燥，得壳聚糖纤维。

用壳聚糖制成的无纺布，具有吸水、抗菌的作用，甲壳素对细菌、霉菌有明显的抑制作用。壳聚糖无纺布吸水能力很强，是纤维素的 2 倍以上，而且多次洗涤也不会减弱。

另外，改性壳聚糖在纺织纤维中的应用也有重要的进展。有研究发现，改性 N,O-羧甲基壳聚糖，具有良好的水溶性，将其采用浸轧法处理在涤纶纺织物上，使其在活化过程中吸附贵金属钯，引发化学镀，得到致密、均匀的金属镀层，使涤纶织物有更加良好的导电性和电磁屏蔽功能。

在活性染料固色剂中，加入少量羧甲基壳聚糖，可以提高染色纺织物的日晒牢度。由于羧甲基壳聚糖能够与阴离子染料发生反应，封闭染料的亲水基团，增大染料分子，使其沉淀在纤维上，从而提高了纺织物的染色牢度，同时具有良好的成膜性，可以在纤维表面形成膜，保护了染料，提高了日晒牢度。

第四节　甲壳素、壳聚糖在造纸加工中的应用

一、表面施胶剂

施胶是造纸工业的重要工艺，是通过一定的方法使纸张表面

形成一种憎液膜，从而使纸张有对抗流体的性质。通过对纸张施胶，可以提高纸张质量，适应高质、高速、高黏度的印刷要求，使纸张有较好的耐破度和耐撕裂性。壳聚糖在水中具有一定的阳离子性和良好的成膜性，所成的膜强度大，具有良好的渗透性及抗水性。壳聚糖也可和松香、淀粉、动物胶、明胶及多元醇—多元酸树脂等制成复合施胶剂使用。可生产胶版印刷纸、晒图纸、静电复印纸等。

壳聚糖本身还是一种防腐剂，对纸张能起到良好的防蛀、防腐作用。

二、纸张增强剂

在纸张中添加增强剂，可以使纤维的结合力增强，从而增强纸张的强度，提高纸张的耐破度和耐撕裂性。由于壳聚糖分子结构中有多个羟基和氨基，官能团可以充分接近纤维表面，与纤维有足够的结合能力，并且能够在纤维间架桥。其分子链上有许多正电荷中心和羟基，能与纤维形成静电结合并生成氢键。所以，壳聚糖是一种理想的纸张增强剂。

三、纸张表面改性剂

研究发现，水解的甲壳素与纤维素复合能够提高纸张的绝缘性。复印纸产生静电会降低复印图像的质量，在复印纸表面涂上壳聚糖后，纸张的抗静电性能增强 1 万倍以上，可以使复印纸质量得到大幅度提高。

喷胶加固法是目前对纸质文物进行保护处理的有效方法，方法是将天然或合成的树脂配制成溶液，喷涂在纸质文物表面，溶剂渗入纸张纤维内部，通过物理或化学方法将断裂的纤维黏合起来，从而提高纸质文物的物理强度，也保护纸质文物不受外界不良因素影响。将壳聚糖进行氰乙基化改性后的产物配制成适当浓度的胶液，喷涂在纸张表面，进行强度等试验。结果表明，纸张保持了原有的质感、光泽、颜色，并且强度提高了近70％，耐折度提高了近6倍。可见，经过改性后的壳聚糖对纸质文物的保护效果更加明显，也开辟了天然高分子在文物保护中的广阔前景。

由吸附剂、纤维和壳聚糖制成的吸附纸具有良好的吸附能力，能够除去气相或液相中的有害物质，或者回收有用物质。以纸张形式的吸附剂，克服了其他形式的吸附剂（如粉末吸附剂）的缺点，有特殊的用途。

在医学技术方面，纸张被用于敷贴于人体组织的材料，但普通纤维纸与人体组织的化学性质、物理性质有许多不同，容易引起感染。目前有研究表明，由壳聚糖制成的纤维纸，有良好的透气性、吸水性和多孔性，敷贴于人体组织表面效果很好。

第五节　甲壳素、壳聚糖在农业中的应用

一、壳聚糖可作种子处理剂及新型植物生长调节剂

壳聚糖能够促进植物生长，能够激发植物的防卫反应和防御系统，具有调节植物生长和诱导植物抗病等功效。壳聚糖对玉米矮花叶病毒具有抑制病毒增殖的作用，具有诱导抗病毒作用。

壳聚糖可诱导植物组织产生甲壳素酶，从而阻碍病原菌的增殖。用壳聚糖处理过的小麦和萝卜，可明显减少病虫的侵害，产量得到提高。用壳聚糖可以合成植物防治剂，它具有良好的杀虫机制，抑制害虫的繁殖。

甲壳素、壳聚糖及其衍生物是一种新型植物生长调节剂，可提高植物叶片中叶绿素含量，提高低蛋白作物组织器官或种子中的组织蛋白含量，提高种子的发芽率，激发种子提取发芽，促进作物生长，提高抗病能力，提高粮食和蔬菜产量。此外，还可为种子的萌发提供充足的养分，有利于幼苗的生长。

壳聚糖使用在番茄、水稻、茶叶等作物的生长中，可使农产

品味道香醇，水果颜色新鲜漂亮且含糖量高，水稻等产量增加，提高农产品的抗病能力。

研究发现，棉花种子经过壳聚糖处理后，比对照组提前1天出苗，出苗率比对照组提高13%，提前2天开花，提前2天结铃，提前3天吐絮，每亩增加产量12%。有研究发现，壳聚糖也适用于棉花这种厚皮硬壳的种子处理，促进棉花生长，提高抗病能力。壳聚糖也对玉米的黑穗病有预防作用，用壳聚糖拌种的玉米种子，可免除或减轻玉米的黑穗病。而且，用壳聚糖拌种的玉米种子，出苗比对照组提前一天，收获比对照组提前两天，可增加产量20%。壳聚糖在茶树上的应用，也有很好的进展，壳聚糖能够促进茶树芽叶的萌发和生长，提高茶叶产量。

有研究发现，用0.75%壳聚糖溶液处理花生种子，可使花生种子在萌发过程中的内源激素含量提高，脂肪酶活性增强，其发芽势和发芽率分别比对照组提高14.4%和4.5%，脂肪酶活性比对照组提高162%。用1%的壳聚糖溶液处理大豆种子，其发芽率和发芽势分别为84.3%和78.4%，而对照组的发芽率和发芽势分别为75.4%和65.8%；播种10天后，用壳聚糖处理过的种子幼苗侧根数比对照组增加14.8%，根瘤数增加38%，单株干重增加12.6%。说明经过壳聚糖处理的种子能促进幼苗发根、结瘤。经过壳聚糖处理过的大豆种子，能促进幼苗叶片蛋白质的合成，增加植株光合产物的生产和积累，播种15天后的幼苗叶片可溶性蛋白质含量提高23.2%，净光合速率提高16.2%，根部淀粉含量提高30%。用壳聚糖处理过的大豆种子，对根腐病的防治效果达到46%，并能够增加产量11.7%。用壳聚糖拌种油菜种子，可促进油菜苗生长，提高壮苗率，增加产量，增产幅度在9%~13%。壳聚糖拌种可抑制油菜菌核病的发生，抑制率在34%~44%。

研究还发现，不仅壳聚糖，还有壳聚糖的许多衍生物都可作为种子处理剂。由于壳聚糖衍生物有一定的吸水能力，易形成凝胶，应用在干旱少水的农业地区，具有很好的现实意义。

有研究发现，壳聚糖可诱导次生代谢物质的生成。经过壳聚糖处理的苹果、梨果皮中，壳聚糖诱导出烷、烯及多种酯、酚、苯噻唑、有机酸等抗菌物质。酯类物质中以不同饱和程度的脂肪酸甲酯类含量较高，占所有酯类物质的 70%。酚类物质对真菌有毒，植物体内的酚类物质增加，不但自身可以抗病，而且还可促使病原浸染处木质化，因而使物质抗病能力增强。

壳聚糖还可诱导抗性蛋白的产生，经过壳聚糖处理的苹果、梨果肉中几丁质酶、$\beta - 1,3$-葡聚糖酶的活性有明显提高，产生酚类和异黄酮植保素等，几丁质酶、$\beta - 1,3$-葡聚糖酶也能够有效抑制真菌的生长。

壳聚糖可以与 Mn、Fe、Zn、Cu、Co 等微量元素螯合，生成稳定的能够溶于水的螯合物，以利于动、植物的吸收和利用，从而对农作物的生长和畜禽的生长起到促进作用。甲壳素、壳聚糖还可以作化肥缓释剂，提高化肥利用率。

二、可作植物病虫害的防治剂及肥料、除草剂、杀虫剂的缓释剂

美国、日本等国利用甲壳素防治小麦、玉米、果蔬等病虫害，效果明显。如用甲壳胺浸种后，小麦纹枯病发病率降低 30%～50%。也可对收获后的水果（如草莓）烂果有显著防治效果。

关于甲壳素、壳聚糖防治农业病害的最大优点并不是杀死病菌，而是其有利用放线菌的生长，破坏病菌的细胞膜及其遗传因子。利用这种自然生态方法杀死病菌可以避免农药污染，生产保健食品。

甲壳素、壳聚糖还可以防治虫害。例如用甲壳素及壳聚糖溶液等喷洒种植的茶叶，没有农药污染，味道香醇，其风味是一般茶叶所不能比拟的。

壳聚糖不仅能防止农作物病虫害，而且可做药物缓释剂，用壳聚糖衍生物制造的农药，其药效时间比未处理的延长 50 倍以上。有报道称，N-乙酰甲壳胺药物释放时间长达 180 天，N-丙酰甲壳胺可达 365 天，而未经处理的药效只能释放 4 天。

三、可作果蔬保鲜剂及食品添加剂

壳聚糖及其衍生物可作水果、蔬菜的保鲜剂。利用甲壳素、壳聚糖的吸湿性、成膜性，以及对细菌的抑制作用，可以用作果蔬的保鲜剂。如：把它喷洒在水果上，形成一层半透明膜，这层膜具有通透性、阻水性，可以对各种气体分子增加穿透阻力，形成一种微气调环境，可以阻止外界空气进入膜层内，也可以使果蔬组织内的二氧化碳气体含量增加，氧气含量降低，抑制果蔬的呼吸代谢强度，防止水分蒸发，延缓果蔬组织衰老，保持水果的新鲜，防止腐烂，且保持果蔬原有鲜味。

研究发现，壳聚糖既具有一般膳食纤维的生理功能，也具有作为"生物体调节作用"的功能，即具有①强化免疫力；②防止老化；③预防疾病；④健康恢复；⑤生物体活动步骤调节。如含有以上两项，就可称为健康食品。而壳聚糖及其衍生物同时含有以上各项，同时，还具有减肥，抗辐射，抗菌等功能。壳聚糖还具有吸附食品中有毒色素的功能，可生成人体不能吸收的络合物，减少对人体的伤害。

水分是维持蔬果新鲜品质的重要条件，蔬果采摘放置一段时间后，水分会散失，水果的果皮皱缩、颜色暗淡。用壳聚糖涂膜保鲜剂处理蔬果后，可抑制水果水分散失，使水果保鲜期延长。

有研究发现，由于油桃果实含水量较高，在采摘后由于呼吸代谢和蒸腾作用会使果实水分散失，导致果实萎蔫、光泽度下降，外观和口感都受到影响。

配制 1% 浓度的壳聚糖溶液，将油桃浸 1 分钟，每隔 2 天测量油桃果实失重率、腐烂指数、含糖量等数据，发现果实失重率大大降低。在储藏 13 天后，对照组油桃果实的腐烂指数为 83%，而用 1%壳聚糖溶液处理过的油桃果实腐烂指数仅为 40%，表明壳聚糖涂膜对油桃果实的防腐效果很显著。

由于油桃果实在采摘后，随着果实的成熟衰老，果肉逐渐变软，硬度降低，耐储藏性下降。用 1%壳聚糖溶液处理油桃果实，其硬度下降速率较对照组缓慢，并能够保持一定硬度达 13 天。

油桃果实中的糖分是可溶性固形物的主要成分，是重要的营养物质。油桃果实采摘后糖分不断积累，7 天时达到最高峰，之后随着呼吸强度的增加，糖分被逐渐消耗而降低，含糖量呈现先升后降的趋势。用 1%壳聚糖溶液处理油桃果实，其含糖量也是同样变化趋势，但用 1%壳聚糖溶液处理过的油桃果实的含糖量均高于对照组，含糖量保持很好，也保持了油桃果实的品质，延长了油桃果实的保质期。

维生素 C 是油桃果实的主要营养成分之一，在采摘后维生素 C 易受到氧化而损失。保持较高的维生素 C 含量是衡量油桃果实保鲜效果的重要指标。油桃果实在采摘后，维生素 C 含量会先上升，在完全成熟后又会分解损失而下降。对照组油桃果实在采摘后 5 天达到高峰，随后维生素 C 含量快速下降；而用 1%壳聚糖处理过的油桃果实在 7 天后达到高峰，随后维生素 C 含量下降，下降速度慢于对照组，说明壳聚糖涂膜可延缓油桃果实维生素 C 损失。

有研究发现，用壳聚糖、甘油、醋酸溶液制得涂膜保鲜剂，将黄瓜用保鲜剂进行处理，黄瓜的失重率有较大降低。有研究发现，用壳聚糖处理过的黄瓜，有机酸、叶绿素、可溶性糖及维生素 C 含量都极显著增加，失重率大大降低，用 1%壳聚糖溶液对黄瓜涂膜后保鲜效果非常显著。

用 1.5%壳聚糖和 1.0%对羟基苯甲酸乙酯混合，制成壳聚糖保鲜剂，将竹笋用壳聚糖保鲜剂进行处理，在 4 ℃低温且相对湿度为 95％的条件下，可储藏保鲜 25 天。

将辣椒用保鲜剂进行处理，30 天后辣椒依然新鲜，失重率仅为 0.1％。有研究发现，壳聚糖涂膜可显著缓解辣椒的失重和后熟，减少可溶性固形物，减少可溶性总糖、果糖和蔗糖的呼吸消耗，保持较高的叶绿素和维生素 C 含量。经过壳聚糖处理过的辣椒，失水率和腐烂指数明显减少，有机酸和可溶性蛋白质含量增加。

有研究发现，用 1.5％的壳聚糖溶液，添加适量茶多酚，搅拌混合均匀，制成壳聚糖涂膜保鲜剂，对青椒进行保鲜。青椒在储藏过程中，生命活力主要体现在呼吸作用，随着呼吸作用的进行，青椒体内的有机物质被逐步分解，营养价值和口感也随之下降，呼吸作用越强，消耗的养分就越多，保鲜期越短，衰老越快。实验发现，经过壳聚糖涂膜的青椒，在整个储藏过程中，呼吸强度较低，而未经涂膜的对照组青椒，呼吸强度较高，两组有明显差异。而在涂膜剂中添加茶多酚的效果更好，添加茶多酚的量达到 200 毫克/千克时，壳聚糖茶多酚涂膜抑制呼吸的作用最明显。

随着储藏的过程进行，青椒的维生素 C 含量在逐渐减少，经过壳聚糖涂膜的青椒维生素 C 含量在减少速率缓慢。而未经涂膜的对照组青椒，维生素 C 含量下降速率很快，两者相差非常明显。说明壳聚糖涂膜延缓了青椒体内维生素 C 氧化的损失。在壳聚糖中添加茶多酚的涂膜效果更好，对储藏青椒维生素 C 含量的下降有明显地抑制作用，当添加茶多酚的量达到 200 毫克/千克时，壳聚糖茶多酚涂膜能够最明显抑制维生素 C 含量的下降，与对照组比较，差异非常明显。

随着储藏时间的延长，青椒的失重率也逐渐上升。用壳聚糖涂膜处理过的青椒，失重率上升较慢，而对照组的失重率上升很快，两者差异很明显，说明壳聚糖在青椒表面形成的保护膜在一定程度上延缓了青椒水分的散失。在壳聚糖中添加茶多酚的涂膜，可抑制青椒失重率的上升，对青椒保鲜有促进作用。添加茶多酚的涂膜也可抑制青椒表面微生物的生长繁殖，可减少青椒的病理性失水。

随着储藏时间的延长，青椒的腐烂率也在上升。常温情况下，未经涂膜的青椒腐烂率上升很快，经过壳聚糖涂膜保鲜的青椒，腐烂率上升缓慢。在壳聚糖中添加茶多酚的涂膜处理青椒，可很好地抑制青椒的腐烂。这是由于茶多酚有很好的抗氧化性和很好的抑菌功能。当添加茶多酚的量达到 200 毫克/千克时，这种壳聚糖茶多酚涂膜保鲜效果最好。

将香梨用壳聚糖保鲜剂进行处理，可保持 60 天新鲜，失重率仅仅是 8%，未进行保鲜剂处理的香梨，失重率为 15%。

采摘后的枇杷经过壳聚糖的涂膜处理，在第 27 天时失重率为 7%，而未经涂膜的对照组失重率为 19%。

将苹果用保鲜剂进行处理，可保持 120 天新鲜，失重率仅为 13%，未进行保鲜剂处理的苹果，失重率为 22%。用 2%壳聚糖溶液涂膜苹果，可保鲜 180 天，苹果表面有光泽但并不透明，这层薄膜容易在水中洗去。

用 1%壳聚糖溶液涂膜芒果，可保鲜 16 天，芒果无异味、无皱褶、无缩小、无霉变，而对照组空白样在第 5 天就开始出现霉变，并且腐烂。用 1.5%壳聚糖、0.10 摩尔/升防腐剂配制涂膜液，保持溶液 pH5.5，对芒果进行保鲜处理，可使芒果在常温下保鲜达到 18 天，与未经壳聚糖涂膜处理的芒果对比，质量损失率降低 35%，好果率达到 100%，硬度提高 14%，有效地延长了芒果保质期。

用壳聚糖保鲜剂对南果梨进行涂膜保鲜，结果表明，用 1.5%壳聚糖溶液涂膜的南果梨，其硬度、维生素 C 含量、失重率、保鲜效果均明显优于对照组，常温下可储存 50 天以上。

有研究发现，用 1%壳聚糖溶液处理番茄后，番茄的失重率大大降低，腐烂率也明显降低，与对照组比较，延缓番茄果实储藏后期可滴定酸含量的降低，经过壳聚糖处理过的番茄维生素 C 含量显著增加。壳聚糖处理过的番茄，在常温时能够很好保持番茄的酸度、糖分和维生素 C 含量。

有研究发现，用 1.5% 的壳聚糖溶液处理鲜切葡萄，SOD 的活性明显高于未经过壳聚糖处理的鲜切葡萄；用 1.5% 的壳聚糖溶液处理草莓，在储藏 4 天后，与未经壳聚糖涂膜的草莓对比，其 SOD 的活性有明显增加。

经过壳聚糖保鲜剂进行处理的果蔬，其硬度也可以得到保持，如：用壳聚糖保鲜剂进行处理的黄瓜，其硬度可保持 8 天，而未经壳聚糖保鲜剂处理的黄瓜，其硬度仅可保持 2 天；用 2% 的壳聚糖溶液处理黄瓜，保鲜期可以达到 20 天；用壳聚糖保鲜剂处理的香梨，其硬度可保持约 60 天，而未经保鲜剂处理的香梨，其硬度仅可保持 20 天。

由于果蔬中的氧化酶可氧化果实中的单宁物质、绿原酸、酪氨酸等，可生成有色物质，使果蔬形成褐变，影响果蔬的外观和风味。而壳聚糖可使氧分压降低，减弱果蔬色度改变，如：经过壳聚糖保鲜剂处理的黄瓜，保存第 12 天颜色依然很绿，而未经保鲜剂处理的黄瓜在第 10 天就有发霉现象；经过壳聚糖保鲜剂处理的香梨，保存 60 天叶绿素含量为 0.93 毫克/千克，而未经保鲜剂处理的香梨，在第 49 天已经测不到叶绿素了；经过壳聚糖保鲜剂处理的葡萄，可保存 3 天，而未经保鲜剂处理的葡萄，仅仅 1 天就完全褐变。

将猕猴桃在壳聚糖水溶液中浸泡 30 秒，取出后在通风处晾干，20 小时后用聚乙烯薄膜塑料袋包装，储藏于纸箱中，在室温下保鲜可延长 70～80 天。而空白样在 7～10 天后，维生素 C、总糖含量和可溶性固形物含量均达到最高，进入果实最佳食用期；但用壳聚糖处理的样品，室温存放 40～60 天后，进入果实最佳食用期，保存期延长约 30 天。

将新鲜蟠桃用 1% 的壳聚糖溶液处理，在 4 ℃ 环境中储藏

20 天，好果率达到 93%，而对照组好果率仅达到 50%。有壳聚糖涂膜的蟠桃，测定其还原性维生素 C 下降较慢，总糖含量和可溶性固形物含量增加较慢。

壳聚糖涂膜在果蔬表面，可形成致密的保护膜，这层保护膜可防止营养物质进入细菌细胞，从而达到抗菌效果，如：用壳聚糖保鲜剂处理草莓，可增加草莓抗菌防霉的作用，草莓储藏 4 天无一粒发霉，而未经保鲜剂处理的草莓，发霉率为 5.6%。将浓度为 1% 的壳聚糖涂膜草莓，在 13 ℃时经过 30 天保存，草莓腐烂率仅仅为 20%，而对照组腐烂率高达 80%。壳聚糖涂膜在常温情况下对草莓的保质期可延长 3～5 天。

用 4% 壳聚糖溶液处理红橙，常温下可储藏 80 天，果实腐烂率仅仅为 0.6%，并且果实新鲜饱满且有良好的光泽。与对照组比较，维生素 C 含量、总糖量、还原糖和总酸含量均较高。

有研究发现，用壳聚糖涂膜保鲜新采摘的青蚕豆，保鲜效果很好。由于青蚕豆采摘后仍然进行蒸腾作用，水分会很快流失，未经过壳聚糖涂膜的青蚕豆在 49 天后豆荚失水皱缩，失重率达到 12.5%；经过壳聚糖涂膜后的青蚕豆，49 天后失重率为 1.5%，很好地保持了豆荚的新鲜度。未经过壳聚糖涂膜的青蚕豆在 49 天后腐烂指数达到 25%；经过壳聚糖涂膜后的青蚕豆，49 天后腐烂指数为 1.5%，腐烂指数显著降低，可见壳聚糖涂膜可显著保持青蚕豆的新鲜。

由于青蚕豆在储存期间籽粒中的维生素 C 和叶绿素呈下降趋势，采用壳聚糖涂膜可延缓维生素 C 和叶绿素的下降趋势，保持青蚕豆的营养价值。

将荔枝用 1% 壳聚糖保鲜剂进行处理，可保持 8～10 天新鲜。用 4% 壳聚糖溶液，加以其他无毒杀菌剂，制成壳聚糖涂膜，用以涂膜保鲜荔枝，保鲜期达到 13 天，好果率达到 90%，其他未涂膜对照组在 3 天后就开始变质。

有研究发现，用 0.25%～0.75% 的壳聚糖溶液对西葫芦进行保鲜处理，储藏3天后，发现处理过的西葫芦衰老时间明显延缓，外观的新鲜程度远远高于对照组。尤其用0.75%壳聚糖溶液处理的西葫芦，在储藏5天后，表皮只有轻微发黄。而对照组的西葫芦，在3天后表皮颜色变淡，组织松软，瓜头膨大，4天后颜色变黄。

在西葫芦储藏过程中，西葫芦果实体内生理生化反应旺盛，呼吸强度很高。用0.25%～0.75%的壳聚糖溶液涂膜的西葫芦，呼吸强度均低于对照组，其中以0.75%的壳聚糖溶液涂膜的西葫芦呼吸强度最低，果蔬的水分蒸腾较慢，衰老也最缓慢。

西葫芦表皮含有丰富的叶绿素，可使果实呈现翠绿色，随着储藏时间的延长，西葫芦的叶绿素含量呈现下降趋势，叶绿素分解，果实的品质降低。在实验中，经过壳聚糖涂膜后的西葫芦，叶绿素下降的趋势明显低于对照组，尤其是用0.75%的壳聚糖溶液涂膜的西葫芦，叶绿素下降最缓慢。在储藏的第7天，涂膜组的西葫芦叶绿素含量为0.122毫克/克，而对照组的西葫芦叶绿素含量为0.067毫克/克，对照组的叶绿素含量明显降低，对照组的西葫芦表皮也呈现黄白色。

西葫芦在常温情况下放置，短时间内表皮退色，果实松软，营养物质损失严重，商品价值也受到极大影响。用壳聚糖涂膜保鲜剂处理后的西葫芦，可以明显抑制果实采摘后的呼吸强度，延迟呼吸高峰的出现，延缓西葫芦果实中的可溶性固形物的降解，达到良好的储藏效果，是一种经济、安全、效果好的储藏方法。

有研究发现，用1%～1.5%的壳聚糖溶液对板栗进行涂膜处理，涂膜后的板栗失重率要比对照组失重率低，在储藏末期，对照组的失重率达到3.67%，而经过壳聚糖处理的板栗失重率为2%。可见壳聚糖涂膜保鲜剂可以抑制果品的蒸腾作用，具有保湿性，能够减少水分的散失，保持果品蔬菜的新鲜度。

由于板栗自身含水量大，在储藏过程中容易发霉腐烂，影响储藏品质。实验发现，用壳聚糖保鲜剂涂膜板栗，经过涂膜的板栗腐烂率远远低于未涂膜的对照组。

淀粉是衡量板栗品质的重要指标，板栗中淀粉酶的活性直接影响板栗淀粉含量的多少，因此，储藏期间淀粉酶活性的高低直接影响储藏品质。实验发现，用壳聚糖涂膜处理的板栗淀粉酶活性保持较低状态，说明壳聚糖涂膜剂能够抑制板栗的淀粉酶活性，降低了板栗在低温储藏期间淀粉的水解速率，保持了板栗的储藏品质。同时，保持板栗的抗衰老能力，延长储藏保鲜时间。其中，1.5％的壳聚糖涂膜剂效果更好，能够最大限度地保持板栗的果实品质。

壳聚糖涂膜在果蔬表面形成一层保护膜，降低果蔬的呼吸作用，抑制果蔬的水分蒸腾，延缓维生素 C 和叶绿素的氧化分解，减缓致病菌的侵染，防止果蔬失去水分，防止果蔬腐烂变质。其中，壳聚糖涂膜还可应用于其他许多果蔬产品的保鲜，如：橙子、苹果、鸭梨、西红柿、芒果、红枣、青椒、茭白等。

壳聚糖是纯生物制品，无毒、可降解、使用安全，在对果蔬进行保鲜方面有非常好的特性，更多的研究还在进行中。

四、壳聚糖可作鸡蛋的保鲜剂

由于鸡蛋在储藏过程中品质会不断劣化，如：水分蒸发、重量减轻、黏壳、散黄、泻黄等，对鸡蛋进行保鲜处理非常必要。有研究发现，壳聚糖对鸡蛋的保鲜有很好的效果，可以较好地控制鸡蛋的水分蒸发和重量减轻等问题，还可延长鸡蛋的储藏时间。

将壳聚糖粉、少量柠檬酸溶解于 1％醋酸溶液中，制成鸡蛋保鲜剂。将鸡蛋放入保鲜剂中 2 分钟取出，分别储藏 5 天、10天、20 天、30 天、40 天，测定鸡蛋的有关指标，并且与未用壳聚糖处理的鸡蛋进行比较。结果发现：用壳聚糖处理过的鸡蛋，感官品质好于未处理过的鸡蛋；鸡蛋的感官品质随着时间的延长，呈下降趋势。

鸡蛋产出后，由于温度下降，鸡黄和蛋白浓缩在内壳膜与外壳之间形成空间，新鲜鸡蛋的气室空间小，随着存放时间的延长，蛋内物质逸出量增多，气室空间增大，气室空间越大，鸡蛋越不新鲜。没有用壳聚糖处理过的鸡蛋，其气室空间升高幅度大；而用壳聚糖处理过的鸡蛋，气室空间升高速度和幅度都较小，鸡蛋保存时间也长。

新鲜鸡蛋的密度要大于陈旧鸡蛋，随着鸡蛋保存时间的延长，鸡蛋的密度都会下降。但用壳聚糖保鲜剂处理过的鸡蛋，其密度下降速度要远远低于未处理过的鸡蛋。

随着时间的延长，蛋黄的直径会越来越大，高度会越来越低，即蛋黄指数会逐渐降低。用壳聚糖保鲜剂处理过的鸡蛋，可延缓蛋黄指数的降低，在保存一个月后，其蛋黄指数要高于未处理过的鸡蛋。

随着时间的延长，鸡蛋的重量会不断下降，即失重率不断上升。用壳聚糖涂膜剂可延缓失重率的上升，经过壳聚糖保鲜剂处理的鸡蛋，其重量下降速度远远小于未用保鲜剂处理的鸡蛋。由此可见，壳聚糖保鲜剂对鸡蛋的保鲜效果很好。

五、壳聚糖可作动物饲料添加剂

壳聚糖作饲料添加剂，对促进动物生长、提高动物免疫力、改善动物品质都有良好的作用。有研究发现，在猪饲料中添加0.025%的壳聚糖，可提高断奶仔猪的抵抗力，生长速度更快、生长更加健康。在猪饲料中添加0.04%的壳聚糖，可提高仔猪的非特异性免疫功能。在蛋鸡饲料中添加壳聚糖，可明显降低鸡血清和蛋黄中的胆固醇含量，并且可使产蛋性能提高。在动物饲料中添加壳聚糖，可使动物（宠物）毛色更漂亮，提高抗病能力。

壳聚糖在养殖水体中也有重要的应用。壳聚糖不仅可以改善水体，同时还可以杀灭水体中的病原菌。壳聚糖具有凝聚特性，可提高水体透明度，减少氨等有毒物质的形成。在溶液中，壳聚糖为带正电荷的多聚电解质，具有很强的吸附性，可有效吸附或螯合水体中的重金属离子，从而减少重金属离子对水产动物的危害。

有研究发现，在养殖水体中加入 50～100 克/米³ 壳聚糖，水体的透明度明显提高，壳聚糖可使养殖水体的水质得到净化，防止了水质的恶化。并且，壳聚糖可抑制水体中的单胞菌和弧菌的生长，增强了水体中鱼、虾的抗病能力，使鱼、虾有更快的生长速度，也提高了鱼苗、虾苗的成活率。

由于壳聚糖的生产材料来源丰富，从经济方面考虑有非常好的优势。如果从环境、生态效益、经济等几个方面综合考虑，用壳聚糖净化水质，同时提高渔业产品质量，前景非常广阔。

六、壳聚糖可作绿色饲料添加剂

随着人们对食品安全的重视，绿色食品与绿色添加剂的研究越来越成为热点。而壳聚糖具有优良的生物相容性，可生物降解，可作为饲料的绿色添加剂。

（一）在家禽饲料中的应用

肉鸡脂肪过多，不但造成能量浪费，在人们食用鸡肉时也达不到要求。研究发现，在饲料中添加壳聚糖可降低脂肪回肠消化率，降低脂肪吸收，从而减少机体脂肪的沉积。添加壳聚糖可降低胆固醇，并且对某些不饱和脂肪酸有一定的降低作用。

甲壳素、壳聚糖能促进鸡的生长，提高产蛋率。用添加甲壳素的饲料喂养家禽，不但可减少饲料的消耗，而且比不加甲壳素的饲料喂养的家禽增加重量约 10％。

（二）在家畜饲料中的应用

有研究发现，在猪饲料中添加壳聚糖可提高猪的瘦肉率，如添加稀土甲壳素制剂，猪的日增重提高 5％～10％，可节约饲料 3％～14％。在奶牛饲料中添加壳聚糖可提高牛奶的质量，如每天将 5～7 克的甲壳质添加在奶牛的饲料中，60 天内牛奶蛋白质含量提高 0.3％，大大提高了牛奶的品质。

（三）在水产饲料中的应用

在水产养殖中，壳聚糖常常被作为免疫增强剂，来控制疫苗的释放。如用稀土甲壳素饲料喂食鳗鱼，正常鳗鱼的生长速度明显提高，并且体色有光泽。用甲壳素饲料喂食中华鳖，可明显促进中华鳖的生长速度。

甲壳素作为水产饲料添加剂，可在饵料表面形成一层保护层，延长水化时间，保护饵料养分，防止霉变，不污染水源，从而改善了饵料的品质，提高了水产动物的生长性能。

七、壳聚糖作为土壤改良剂

将壳聚糖制成溶胶、颗粒或粉剂，施到土壤中，可起到阻止霉菌繁殖促进作物生长的作用。有研究发现，将 10 份壳聚糖、45 份浓盐酸、820 份水、120 份 20％的氢氧化钾，再用水稀释 40 倍，将此溶液用作土壤改良剂。实验表明，施加改良剂的土壤小麦产量高出 20％。这种改良剂既适用于旱田也适用于水田。同时，小麦种子经过壳聚糖包膜，产量提高 20％～30％

第六节　甲壳素、壳聚糖在废水处理中的应用

一、在造纸废水中的应用

在造纸工业中，废水排放量最大的是蒸煮废液，该废水 COD 高，色度大，含有大量的悬浮物，其污染占整个造纸工业污染的 90％以上。

目前国内有研究将壳聚糖与硫酸铝制得的净水剂处理造纸废水，COD 的去除率达到 80％以上。另有国外研究，用壳聚糖絮凝剂处理造纸工业废水，对有机碳的去除率都优于其他的絮凝剂，有机碳的去除率达到 70％以上。

由于壳聚糖分子中含有多个 $-NH_2$，能与水中的质子结合形成 $-NH_3^+$，从而带正电荷，因此壳聚糖是阳离子絮凝剂，可中和水中带负电荷的胶体杂质、有机物质等表面的负电荷，而使其沉降。同时，壳聚糖分子中的羟基与氨基，可以与金属离子有很好的配位作用，可与水中的许多金属离子配位，从而除去这些金属离子，如：Hg^{2+}，Cd^{2+}，Ni^{2+}，Pb^{2+}，Cu^{2+}，Cr^{6+} 等。壳聚糖分子中的羟基与氨基还可以与蛋白质、氨基酸、脂肪酸、染料卤素等形成共价键或配位键，从而吸附废水中的有机物。

在造纸工业废水中含有大量的木质素、纤维素胶料、色素等，呈悬浮状态或可溶解状态，这些杂质色度大，对环境污染严重，目前这方面的研究有很多。

有研究发现，用壳聚糖处理造纸废水，壳聚糖絮凝剂能够有效去除造纸废水中的耗氧物质，在 pH 为 6.5～6.7 时，絮凝时间 12 小时，废水中的 COD 去除率达到 65% 以上。如果将壳聚糖与硫酸铝配合使用处理造纸工业废水，可使废水中的 COD 去除率达到 80% 以上。有研究发现，用氯化三甲基壳聚糖季铵盐作絮凝剂处理造纸工业废水，随着 pH 的增加，絮凝效果提高，pH＝8～13 时，去除率达到 75%。

二、在印染废水中的应用

纺织工业的印染废水是工业废水排放的主要部分，其废水量大，色泽深，COD 及 BOD 值高，水质以有机物污染为主，且含有有毒有害物质，主要以芳烃和杂环化合物为母体，并带有极性基团和显色基团。由于原料生产品种多，染料废水具有色度高、脱色困难等特点，处理难度大。目前吸附法处理印染废水的方法应用普遍，常用的吸附材料有活性炭、粉煤灰、黏土等。近年来，壳聚糖作为新的吸附材料，在印染废水的处理方面得到广泛的应用。壳聚糖及其衍生物能够通过氢键、静电引力、离子交换等作用吸附废水中的染料分子，因此，在染料废水等高色度的废水中有很好的应用。

染料废水一般为带电荷的胶体溶液，根据胶体化学原理，胶体颗粒的电位随溶液的 pH 不同而不同，因此，溶液的 pH 对胶体颗粒的絮凝会产生直接的影响。在酸性条件下，壳聚糖对染料的吸附机理是化学吸附；在碱性条件下，化学吸附与物理吸附同时存在，染料分子可通过范德华力、氢键等与壳聚糖发生吸附形成沉淀。

壳聚糖对酸性染料、活性染料、媒染料、直接染料都具有一定的吸附性。与甲壳素相比，壳聚糖有大量的游离氨基，因此，对酸性染料、活性染料的吸附效果优于甲壳素。有研究发现，脱乙酰度为 60％的壳聚糖对酸性染料的吸附量是甲壳素的 8 倍。

壳聚糖、甲壳素及其衍生物可以通过配合或离子交换等作用，对染料、酚类、蛋白质、卤素、氨基酸等非金属物质进行吸附，壳聚糖对溶菌酶可形成稳定的配合物，通过吸附可对溶菌酶进行分离或纯化。壳聚糖、甲壳素尤其可吸附带有磺酸基团的染料，这些染料在稀硫酸溶液中可通过离子交换作用被壳聚糖吸附。

有研究表明，以两性壳聚糖为絮凝剂处理丝绸印染废水 COD 去除率在 80％以上。国内有研究者发现，在酸性较强的情况下，吸附剂添加的量较少，且温度升高，脱色率增大；壳聚糖絮凝剂对酸性铬蓝 K 的脱色效果要好于其他染料。又有研究者发现，将戊二醛与壳聚糖制成交联树脂，此树脂对活性染料有很好的脱色效果。研究发现，树脂用量越大，脱色效果越好，并且，在酸性环境中的脱色效果要优于碱性环境。

（一）印染废水处理中的吸附剂

有研究发现，用壳聚糖对印染废水进行絮凝脱色，在 pH 为 6.0，壳聚糖浓度 0.1％时，脱色率达到 90％。壳聚糖对酸性蓝 25、酸性蓝 158、媒染黄、直接红 84 的吸附能力分别为 186 毫克/克、222 毫克/克、51 毫克/克、46 毫克/克。

如果与无机高分子聚合物复配使用，脱色效果更好。将壳聚糖与丙烯酰胺接枝共聚物作为絮凝剂，处理印染废水，在 pH 为 6～7，壳聚糖接枝共聚物浓度 100 毫克/升时，脱色率达到 95％。另有研究发现，用硅胶负载壳聚糖处理印染废水，脱色率达到 96％。

有研究发现，壳聚糖对印染废水中的结晶紫染料的吸附效果也比较显著。实验中，称取一定量的壳聚糖，加入一定浓度结晶紫染料废水的锥形瓶中，调节 pH，在不同温度下振荡并吸附，测定吸光度，并且计算吸附量与吸附率。结果发现，随着壳聚糖添加量的增加，其对结晶紫的吸附率增加。由于壳聚糖的增加导致有效吸附集团的增多，即增加了结晶紫的相互作用，使结晶紫吸附率提高。吸附量随着结晶紫初始质量浓度的增加而增大。研究也发现，随着温度由 30～50 ℃，壳聚糖对结晶紫溶液的吸附量有所减小。

（二）改性壳聚糖应用在印染废水处理中的吸附剂

1. 壳聚糖—纤维素吸附剂　有研究发现，用浸渍或喷雾的方法将壳聚糖均匀地固定到纤维素粉末的细孔内，再用稀碱处理，使壳聚糖不溶于水。将脱乙酰度 98％的壳聚糖分散在大量水中，用少量浓盐酸搅拌溶解，加入纸浆纤维素粉末（壳聚糖与纸浆纤维素粉末的比例约为 1：10），搅拌均匀，缓慢加入 5％ NaOH 溶液，调节 pH 约 7.5，离心脱水，鼓风漏燥、粉碎，得到印染废水吸附剂。

在处理印染废水中，这种吸附剂方法较其他方法，如：活性污泥法、氧化漂白法、活性炭吸附法等有较多优点。这种吸附剂对酸性基团的染料有优异的吸附性能；吸附量是活性炭的数倍；在水中的分散性好，可采用简单的过滤方法，从而降低成本；吸附剂过滤性能优良，不会发生泄漏；吸附剂原料本身无毒，容易处理回收，不会产生二次污染。

在吸附剂制取时，壳聚糖的分子量是关键因素，如果分子量低，在被纤维素吸附后壳聚糖仍然可溶于水；如果分子量高，则其水溶液的黏度高，会妨碍纤维素粉末对它的均匀吸附。所以，壳聚糖分子量宜选用 15 万～60 万。

用模拟染料废水（浓度 5 毫克/毫升）对这种吸附剂进行试验，结果列于表 4-5：

表 4-5 壳聚糖及活性炭对染料废水吸附性能比较

	染料废水 普施安红 MX-5B		染料废水 直接青 5B	
	吸附量（毫克/克）	过滤性	吸附量（毫克/克）	过滤性
壳聚糖—纤维素	340	优良	320	优良
粉末活性炭	320	差，有泄漏	270	差，有泄漏
粒状活性炭	62	优良	60	优良

2. 壳聚糖—活性炭—纤维素吸附剂 在染料废水的处理中，由于活性炭的吸附性强，在吸附剂中占有重要地位，但粉末状活性炭过滤性差，存在碳泄漏；而粒状活性炭的吸附量低。因此，可结合几种吸附剂的优点，研制出性能更好的吸附剂。将粉末状活性炭中添加壳聚糖和纤维素粉，制得吸附量大、过滤性好的吸附剂。

将水、纤维素粉末、壳聚糖的盐酸水溶液（1％盐酸）和粉末状活性炭加入搅拌器中，连续搅拌 1 小时，缓慢加入 5％ NaOH 溶液，调节 pH 至 9，放置 0.5 小时用装有尼龙滤布的离心机脱水，得固形物饼状吸附剂，用搅拌机粉碎、热风干燥，得粉末状吸附剂。

用模拟染料废水对这种吸附剂进行试验，其中，模拟染料废水 1 的组成：普施安红 MX-5B，500 毫克/升，硫酸钠 50 克/升、碳酸钠 20 克/升；模拟染料废水 2 的组成：酸性磨亮绿 B，500 毫克/升，硫酸钠 10 克/升。

结果列于表 4-6：

表 4-6　壳聚糖—活性炭—纤维素吸附剂对染料废水吸附性能比较

	模拟染料废水 1		模拟染料废水 2	
	无色流出液 (毫升/克吸附剂)	染料吸附量 (毫克/克吸附剂)	无色流出液 (毫升/克吸附剂)	染料吸附量 (毫克/克吸附剂)
壳聚糖—活性 炭—纤维素	397	384	778	556
粒状活性炭	18	72	7	19

　　由表 4-6 可见，用壳聚糖—活性炭—纤维素吸附剂处理染料废水，效果明显优于单独使用粒状活性炭吸附剂。

　　3. 壳聚糖—沸石吸附剂　　当 pH＝4 时，用壳聚糖—沸石吸附剂分别对刚果红、亮绿、酸性铬蓝 K 进行吸附，吸附量分别为 10.0 毫克/克、40.7 毫克/克、29.5 毫克/克，有很好效果。

　　另外，有研究发现，用羧甲基壳聚糖与硝酸镧合用制吸附剂用于处理印染废水，其去除率达到 96％。

　　4. 壳聚糖—活性炭吸附剂　　将壳聚糖溶于适量 1％醋酸制成溶液，按一定比例加入活性炭，搅拌，调节 pH，在烘箱中烘干，再粉碎成粉状待用。

　　研究发现，当壳聚糖—活性炭吸附剂的配比为 1∶8 时，处理印染废水的效果最好。并且随着吸附剂的添加量增加，吸附效果增强，加入量为 0.03 克/毫升时效果最好。

　　pH 对吸附效果有重要影响，pH＝3 时，色度去除效果最好，COD 的去除率也最高，处理印染废水的效果最好。

　　温度对壳聚糖—活性炭吸附剂处理印染废水的效果有影响，随着温度的上升，色度去除率和 COD 的去除率也增加，35 ℃时处理印染废水的效果最好。

　　5. 壳聚糖—TiO_2 复合絮凝剂

　　有研究发现，壳聚糖及壳聚糖—TiO_2 复合絮凝剂处理印染废水效果很好。壳聚糖和壳聚糖—TiO_2 复合絮凝剂都能够在很大程度上降低废水的吸光度，并且经过研究发现，壳聚糖—TiO_2 复合絮凝剂比壳聚糖降低吸光度的程度大。实验结果表明，壳聚糖对印染废水的脱色率为 83%，而壳聚糖—TiO_2 复合絮凝剂对印染废水的脱色率为 90.4%，说明复合絮凝剂的效果更好。

研究发现，壳聚糖和壳聚糖—TiO_2 复合絮凝剂都能够显著去除废水中的 COD，壳聚糖对印染废水中的 COD 去除率为 79.4%，而壳聚糖—TiO_2 复合絮凝剂对印染废水中的 COD 去除率为 88.2%。结果表明，壳聚糖—TiO_2 复合絮凝剂比单纯壳聚糖对印染废水的处理效果更好。

6. 粉煤灰负载壳聚糖吸附剂 有研究发现，用粉煤灰负载壳聚糖制成吸附剂，对印染废水进行脱色处理，效果良好。

用粉煤灰负载壳聚糖吸附剂对印染废水进行脱色处理，随着吸附剂投加量的增加，脱色率也增加，当吸附剂投加量为 4 克/升时，脱色率达到最大 97%。

印染废水的 pH 对脱色率也有影响，由于粉煤灰负载壳聚糖是阳离子絮凝剂，所以呈正电性，pH 太低，吸附剂中的壳聚糖在酸性溶液中易溶解、流失，不利于吸附；而 pH 太高，也不利于吸附。实验结果表明，在 pH 为 3~3.5 时，吸附效果最好，脱色率最高，可达到 94%。而温度变化对脱色率的影响不大，实验结果虽然表明 30 ℃脱色效果最好，但考虑到经济效益，一般处理废水的温度在室温即可。

粉煤灰负载壳聚糖吸附剂进行处理时，印染废水的脱色率随着反应时间先增大，在开始一段时间达到最大吸附量，随着吸附量的增加，其解吸速率也增加，导致脱色效果呈下降趋势。在反应时间为 20 分钟时脱色率达到最大。

有研究发现，许多经过改性的壳聚糖处理印染废水效果更好。用环氧氯丙烷交联壳聚糖多孔微球，对染料橙黄-Ⅱ的饱和吸附量是活性炭的 4.4 倍，是壳聚糖的 6.7 倍，吸附速率是壳聚糖的 2.6 倍。用壳聚糖制备改性壳聚糖沸石吸附剂，分别实验了对刚果红、亮绿、酸性铬蓝 K 的吸附情况，发现其吸附量均比壳聚糖要好。将壳聚糖负载在膨润土上，制成固体吸附剂，用于染料脱色时，其脱色率为 97%，脱色效果很好，并且沉降时间短，也容易过滤。用磁性壳聚糖微球对水溶性酸性偶氮染料废水进行吸附脱色，发现这种磁性壳聚糖微球的脱色效果非常好，饱和吸附量达到 665 毫克/克，是优良的脱色剂。

7. 羧甲基壳聚糖絮凝剂　羧甲基壳聚糖是一种无毒的新型高分子絮凝剂，其絮凝性能表现在：一是通过电荷中和使胶体颗粒脱稳，形成细小的絮凝体；二是通过高分子吸附作用使凝聚体形成大体积的絮凝体，达到与溶剂分离的目的。羧甲基壳聚糖对直接黑 FF、还原红 F3B、活性橙 X-G 等均有很好的脱色效果。对水溶性染料有更加优良的脱色效果，特别对水溶性好的阴离子型染料脱色率达到 90% 以上，COD 去除率达到 96% 以上。

8. 甲基丙烯酸酯壳聚糖吸附剂　有研究发现，将甲基丙烯酸甲酯、甲基丙烯酸乙酯、甲基丙烯酸丁酯、甲基丙烯酸己酯嫁接到壳聚糖上，作为吸附剂吸收纺织废水中的染料，实验表明，经过改性后的壳聚糖有很好的吸附能力，其吸附能力大小为：甲基丙烯酸甲酯壳聚糖＞甲基丙烯酸乙酯壳聚糖＞甲基丙烯酸丁酯壳聚糖＞甲基丙烯酸己酯壳聚糖＞壳聚糖，其中，甲基丙烯酸甲酯壳聚糖的吸附能力较未改性的壳聚糖提高了 4.5 倍。

三、在食品废水中的应用

壳聚糖可与蛋白质、氨基酸、脂肪酸等以氢键结合而形成复合物。壳聚糖作为高分子絮凝剂，可用来分离和回收食品加工厂废水中的蛋白质等有机物。蛋白质的分子中有碱性基团（如氨基），也有酸性基团（如羧基），因此是两性化合物。在中性或微酸性条件下，壳聚糖与蛋白质吸附絮凝形成复合物；在碱性条件下，壳聚糖的氨基被还原为中性，而蛋白质颗粒仍然带负电荷，两者静电引力被破坏，蛋白质溶解，而壳聚糖不溶解，两者被分开。用壳聚糖吸附剂回收食品厂废水中的蛋白质高达 97%。

壳聚糖对食品废水中的蛋白质和淀粉等生物大分子有很强的絮凝作用，在絮凝沉淀时，将废水中的有效成分可回收用作原料或饲料。

有研究发现，用壳聚糖作絮凝剂处理味精废水，COD 去除率达到 95%、色度去除率达 93%、浊度去除率达 97%，对味精废水处理效果优良。有研究者采用磁性壳聚糖微球吸附的方法吸附大豆乳清废水中蛋白质，蛋白质去除率高达 96%。

有研究发现，用壳聚糖处理啤酒废水，壳聚糖可有效降低啤酒废水的浊度、COD 以及糖分、蛋白质和悬浮物的含量，处理效果好于活性炭。用壳聚糖处理粉丝浓浆废水，壳聚糖可快速沉降废水中的悬浮物和蛋白质，沉降废水的 pH 为 6.5～8.5，蛋白质回收率达到 81%，COD 除去率达到 86%。

有研究发现，用壳聚糖处理糖蜜酒精废液，其脱色率及 COD 去除率都较高。由于壳聚糖呈现阳离子性，可与电负性基团进行中和，因此，用壳聚糖吸附残留的油，处理含油废水，效果很好。用壳聚糖处理棕榈油生产厂的含油废水，其除油率达到 97%。

四、在含重金属离子废水中的应用

目前，甲壳素和壳聚糖作为絮凝剂和吸附剂在废水处理中的应用研究已取得了巨大的进展。以前的废水处理应用的是无机或有机絮凝剂，虽然有效，但由于药物剂量大、操作过程复杂、污泥生成量大，导致处理成本高、易造成二次污染等问题，因此，开发安全、价廉、无污染的废水处理剂是各国研究的重点。

甲壳素和壳聚糖作为重金属离子的螯合剂和活性污泥的絮凝剂，絮凝作用强、无毒、无污染，能够被生物分解，是非常理想的废水处理絮凝剂。目前，国内外正加紧开发研究，并且在废水处理方面已经取得了非常好的进展。

壳聚糖与金属离子通过 3 种形式发生结合：离子交换、吸附、螯合。如 Ca^{2+} 离子的吸附是以离子交换为主，而其他离子是以吸附或螯合为主。壳聚糖作为吸附剂，它的优越性还表现在对废水中的一些难去除的金属离子或去除率比较低的金属离子具有较好的吸附性能。

工业废水中有许多金属离子，由于壳聚糖分子中含有大量氨基，氨基中 N 原子上有孤对电子，可进入金属离子的空轨道中，形成配位键，组成螯合物。因此，壳聚糖可以螯合物形式结合许多重金属离子。

壳聚糖可通过其分子中的氨基和羟基与许多重金属离子形成稳定的螯合物，如：Cu^{2+}、Ni^{2+}、Cd^{2+}、Hg^{2+}、Zn^{2+} 等。因此，壳聚糖可除去工业废水中许多重金属离子。有研究发现，壳聚糖对金属离子的螯合量顺序为：

$$Pd^{2+}>Au^{3+}>Hg^{2+}>Pt^{4+}>Pb^{2+}>Zn^{2+}>Ag^{2+}>Ni^{2+}>$$
$$Cu^{2+}>Cd^{2+}>Co^{2+}>Mn^{2+}>Fe^{2+}>Cr^{3+}$$

壳聚糖对金属离子的最大吸附量见表 4 - 7：

表 4 - 7　壳聚糖对部分金属离子的最大吸附量

金属离子	Hg^{2+}	Cd^{2+}	Zn^{2+}	Cu^{2+}	Cr^{6+}	Pd^{2+}	Ni^{2+}
吸附量（毫克/克）	51.6	8.5	75	16.8	273	16.4	2.4

金属电镀工业、金属表面处理等行业的废水含有大量金属离子，如：Cu^{2+}、Ni^{2+}、Pb^{2+} 等，导致水中重金属离子超标，严重影响人们身体健康。壳聚糖及其衍生物能够通过分子中的氨基和羟基与多种金属离子形成稳定的螯合物，且可帮助微粒凝聚，应用壳聚糖絮凝剂与水中重金属离子发生螯合反应，或者应用壳聚糖与重金属离子形成絮状体，达到去除重金属离子的目的，故广泛用作化工、轻工、纺织等废水处理中的吸附剂和絮凝剂。壳聚糖作为吸附剂和絮凝剂，能够有效地捕集溶液中的重金属离子

和有机物，并可以抑制细菌生长，使污水变清，如：有研究表明，将壳聚糖与锰矿尾渣混合得到一种吸附剂，可高效吸附 Pb^{2+}；将壳聚糖羧烷基化处理，吸附重金属 Ni^{2+} 离子，效果很好；Al_2O_3/壳聚糖膜对 Cu^{2+} 的吸附性很好。

有研究发现，用脱乙酰度 60% 的壳聚糖与硫酸钠复配处理含镉废水，pH 为 8～9 时，废水中镉的去除率达到 99.9%，处理冶炼厂的含镉废水时，镉的去除率达到 99.7% 以上，处理后水中铜、锌、铅的残留量均低于国家排放标准。

当金属离子浓度较高时，用壳聚糖与 K_2SO_4 按一定比例混合，制备壳聚糖吸附剂，这种吸附剂可以很好的吸附 Cr^{3+}，而且可以反复使用，避免二次污染，是处理重金属 Cr^{3+} 离子的理想吸附剂。

有研究发现，用羧甲基壳聚糖模拟处理含 Cd^{2+} 废水，发现羧甲基壳聚对水中 Cd^{2+} 具有优良的絮凝去除效果，当 Cd^{2+} 浓度在 20～50 毫克/升时，浓度为 1% 的羧甲基壳聚糖水溶液可以去除 99% 的 Cd^{2+}，并且去除速度较快，在 1 小时内去除率达 99% 以上。去除效果受溶液酸度、时间、温度等因素的影响较小，因而可以在较宽的范围内使用。

壳聚糖对 Cr^{6+} 有很好的吸附能力，在 pH 为 3～4 时，作用时间 8～10 小时，废水中 Cr^{6+} 的去除率达到 98%。壳聚糖对 Pb 有很好的吸附能力，在 pH 为 5～6 时，Pb 浓度为 1.0×10^{-4} 摩尔/升时，吸附时间 30 分钟，废水中 Pb^{2+} 的去除率达到 98%。壳聚糖对 Bi^{3+} 的吸附率达到 82%，对 Hg^{2+} 的吸附率达到 41%。

有研究发现，改性后的壳聚糖较单纯壳聚糖的吸附性有较大提高，如：羧甲基壳聚糖对痕量 Hg^{2+}、Zn^{2+}、Pb^{2+}、Ca^{2+}、Fe^{2+}、Mg^{2+} 的最大吸收容量可以达到 0.70 毫克/克、1.2 毫摩尔/克、3.1 毫摩尔/克、0.657 0 毫摩尔/克、2.39 毫摩尔/克、4.42 毫摩尔/克，较壳聚糖的吸附性能有进一步的改善。壳聚糖与戊二醛的交联产物，对 Cu^{2+} 的吸附从 74% 增加到 96%。用聚乙二醇与壳聚糖合成一种新型交联壳聚糖，对 Zn^{2+} 的吸附效率达到 0.12 毫克/(克·小时)。

用壳聚糖可从金矿工业废水中吸附重金属。由于从矿石中提取金的过程中，需要使用大量的氰化物和汞，因此生产过程中产生的废水中含有各种重金属。这些重金属均具有毒性，且能够被生物积累，不易被生物降解，因此，对环境及人体健康都造成危害。由于金矿都处于偏远的山区，水资源匮乏，以往的废水处理方法受到限制，所以，要寻找成本低的处理方法。研究发现，壳聚糖可大量吸收金矿废水中的多种重金属，并且根据壳聚糖加工原料的不同，壳聚糖对重金属的吸附情况也不同，如：以对 Cu^{2+} 的吸附量为例，蟹壳制的壳聚糖对 Cu^{2+} 的吸附量为20.8毫克/克；小虾壳对 Cu^{2+} 的吸附为 123.1 毫克/克；对虾壳对 Cu^{2+} 的吸附量为 33.4 毫克/克。经过改性后的壳聚糖—钙—藻酸盐的吸附量为 50.4 毫克/克，壳聚糖—氧化铝的吸附量为 86.2 毫克/克。结果表明，用壳聚糖吸附金矿工业废水中重金属离子，效果明显。有关结果见表 4-8：

表 4-8 pH＝6 时壳聚糖去除金矿工业废水中重金属离子

金属离子	水样	初始浓度（毫克/升）	吸附后浓度（毫克/升）	去除率（％）
Cu^{2+}	生产排放废水	5.35	0.12	97.8
Pb^{2+}	生产排放废水	0.34	0.02	94.0
Zn^{2+}	生产排放废水	0.23	0.066	71.3

有研究发现，壳聚糖吸附剂还可以吸附或富集放射性核素，可用作放射性废液的去污剂。如在 pH 为 5 时，对含有放射性镧系和锕系元素的废水进行处理，发现壳聚糖对镧系和锕系元素的吸收率为 95% 以上，同时也发现壳聚糖对放射性元素锆和铼有显著吸附作用。

　　有许多研究者发现，经过改性的壳聚糖吸附剂在重金属离子吸附中效果依然很好，有些效果要远远好于壳聚糖吸附剂。

　　有研究发现，乙二胺改性壳聚糖对 Cu^{2+} 有良好的吸附作用。乙二胺改性壳聚糖的制备，可用壳聚糖在乙酸溶液中溶胀30分钟，加入苯甲酸，将混合物在微波反应器中进行微波辐射14分钟，再抽滤、洗涤，干燥后加入 NaOH 中，加入环氧氯丙烷反应，过滤得中间体；将中间体溶于碱加入乙二胺反应30分钟，冷却，抽滤，得乙二胺交联物；将乙二胺交联物在 HCl 中搅拌，再碱洗、水洗，真空干燥，得乙二胺改性壳聚糖吸附剂。

　　用乙二胺改性壳聚糖吸附剂吸附废水中 Cu^{2+}，随着 pH 从 2 增加到 6，吸附量从 28.1 毫克/克升高到 pH 为 5 时的最大值 152.2 毫克/克，而壳聚糖在 pH 为 5 时的吸附量是 125.1 毫克/克，说明乙二胺改性壳聚糖吸附剂的吸附量比壳聚糖高。

　　在吸附完成后，乙二胺改性壳聚糖的脱附率和再生容量维持率均较高，在重复使用 5 次以后，分别超过 90％和 92％。

　　乙二胺改性壳聚糖对 Cu^{2+} 的去除率和脱附率均较高，可用于工业生产废水中对重金属离子的去除和吸附。

　　有研究发现，羧甲基壳聚糖对重金属离子有很好的去除率。用壳聚糖与氯乙酸制备羧甲基壳聚糖，测定其吸附重金属离子 Pb^{2+} 的特性。壳聚糖对重金属离子的吸附时受 pH 的影响要大，而羧甲基壳聚糖在吸附中受 pH 的影响要小。在 pH 相同条件下，羧甲基壳聚糖对金属离子的吸附比单独壳聚糖的吸附要更好。羧甲基壳聚糖在反应刚开始时比较快，随着吸附时间增加，吸附率明显增大，在 2 小时后吸附率基本保持稳定。羧甲基壳聚糖与壳聚糖相比，对重金属离子的吸附能力高，吸附效果好，所得产品质量好、产率高。羧甲基壳聚糖是一种性能更加优良的吸附剂，应用范围也会更广。

　　羧甲基壳聚糖对 Hg^{2+}、Zn^{2+}、Pb^{2+}、Ca^{2+}、Fe^{2+}、Mg^{2+} 离子的最大吸附量均大于壳聚糖的吸附情况。有研究发现，一种含氨基较多的壳聚糖胺，对 Ag^+、Pb^{2+} 离子有很好的吸附作用，去除率可达到 91%。有研究发现，将丙烯腈接枝壳聚糖，得到接枝羧基壳聚糖，对 Cu^{2+} 离子的吸附率达到 96%，对 Pb^{2+} 离子也有较好的吸附性。有研究发现，经过接枝改进的壳聚糖微球和壳聚糖片，对 Cr^{6+} 离子的吸附量较壳聚糖有很大提高，能够在电解质浓度较高情况下保持对 Cr^{6+} 离子的吸附能力。

五、在焦化废水处理中的应用

焦化废水是煤在高温干馏、煤气净化、化学产品精制过程中产生的废水，其中含有酚、氨氮、氰、苯、吡啶、吲哚等几十种污染物，这些污染物成分复杂、浓度高、色度高、毒性大、性质稳定，是一种难降解的有机废水。近年来焦化废水处理技术一般是化学氧化法、物理化学处理法等。由于壳聚糖具有吸附、絮凝、离子交换等特性，用于焦化废水处理中，得到比较好的效果。

用脱乙酰度为 95% 的壳聚糖，用浓硫酸进行磺化反应，得到浅黄色黏稠磺化壳聚糖。用磺化壳聚糖处理焦化废水，得到较好效果。pH 影响焦化废水的处理效果，随着 pH 的增加，色度、氨氮、COD 的去除率也增加。当 pH＝6 时，COD 的去除率为 65%，氨氮去除率为 67%，色度去除率也最大，此时，去除效果最好。

絮凝剂的加入量也影响焦化废水处理效果。随着絮凝剂加入量的增加，色度、氨氮、COD 的去除率也增加，当絮凝剂的加入量为每 100 毫升废水 50 毫克时，氨氮去除率为达到最大，为 69%；当絮凝剂的加入量为每 100 毫升废水 60 毫克时，色度的去除率 74%，COD 的去除率 66%。

搅拌总时间为 80 分钟，色度、氨氮、COD 的去除效果最好。

六、自来水的净化剂

在用氯处理过的自来水中，往往含有三氯甲烷、二氯甲烷、三溴甲烷、二氯一溴甲烷、一氯二溴甲烷、四氯化碳、氨基氯等物质，这些物质具有变异性，甚至致癌性。为减少这些物质，人们目前使用活性炭净水器。活性炭可以起到一些作用，但不能去除三卤甲烷等有害物。

有研究发现，壳聚糖可以吸附水中的变异性有害物质，可以作为自来水的净化剂。将壳聚糖制成壳聚糖纤维丝，再切成段，用纤维开松机加工成絮状，制成净化剂。

实验比较壳聚糖纤维丝净化剂与其他净化剂的效果，将壳聚糖纤维丝净化剂、人造丝净化剂、活性炭净化剂粉碎制成粉末，分散在二甲亚砜中，装入玻璃管中，通自来水。用沙门菌 TA - 100 和 TA - 100 作为菌种，测定变异菌落数，结果列于表 4-9 中：

表 4-9　净化剂对自来水中变异物质的吸附

净化剂	变异菌落数 TA - 98	变异菌落数 TA - 100
壳聚糖（棉絮状）	260	640
人造丝	35	170
活性炭	40	145

由表 4-10 可见，分散在壳聚糖净化剂中出现了大量的变异菌落，说明这种净化剂中吸附了水中的变异物质，自来水得到净化。而人造丝和活性炭不能有效吸附水中的变异物质，自来水不能得到很好的净化。

七、硬水的软化剂

天然水中由于含有 $Ca(HCO_3)_2$、$Mg(HCO_3)_2$ 等物质，水的硬度较高，不适合作为工业用水和居民生活用水。通常采用化学方法处理，使生成碳酸盐沉淀，然后过滤去除，通常这种方法较慢，并且要加添加剂加快沉淀速度。

有研究发现，壳聚糖作为硬水处理剂，性能优于其他化学添加剂。

取 5 份等量硬水试样，分别加入不同的添加剂，搅拌、静置 2 小时，吸取上层液，测定浊度，结果见表 4－10：

表 4－10 壳聚糖作为硬水处理剂的结果比较

硬水试样	添加剂			上层液浊度 (杰克逊浊度单位)
	石灰	明矾	壳聚糖	
1	100	0	0	800
2	100	20	1	150
3	100	20	0	350
4	100	0	1	73

由表 4－11 可见：试样 1，仅仅添加石灰基本不发生沉降；试样 2，添加明矾和壳聚糖，有显著沉降；试样 3，仅添加明矾，沉降不显著；试样 4，仅添加壳聚糖，有显著沉降。由此可知，使硬水中碳酸盐发生显著沉降的添加剂是壳聚糖，明矾并不使沉降显著。

八、水源水的净化剂

壳聚糖作为净化剂，可对水源水进行净化处理，并且效果良好。

有研究发现，用脱乙酰度高的壳聚糖与稀醋酸配制成一定比例的溶液，制成絮凝剂，用此絮凝剂对水源水进行净化处理。发现在一定范围内，随着絮凝剂的增加，水源水的浊度去除率也快速增加，上清液浊度去除率可达到 90%，表现出非常好的去除率。这是因为在一定范围内，絮凝剂的投药量越多，药剂与悬浮颗粒接触越充分，吸附作用也越强，吸附效果也越好。

水样的 pH 对浊度去除率也有影响。当 pH<8 时，随着 pH 增高，浊度去除率快速增加；当 pH 继续升高，pH>8 时，浊度去除率反而下降，絮凝效果也变差。有研究发现，用乙酸壳聚糖衍生物作吸附剂，处理高岭土悬浊液水体，在合适的投药量范围内，浊度的去除率受水源水 pH 的影响不大，并且受水源水初始浊度的影响也不大，而且发现重金属离子的存在可以促进该絮凝剂对浊度的去除，浊度的去除率可达到 100%。

九、甲壳素、壳聚糖在其他废水处理中的应用

（一）改性壳聚糖作为苯酚废水中的吸附剂

目前，许多壳聚糖的衍生物广泛应用在废水处理中，效果良好。有研究发现，将壳聚糖经过改性制备，先得到羧甲基-β-环糊精，再进一步制备成改性壳聚糖，即 β-环糊精接枝壳聚糖（羧甲基-β-环糊精-壳聚糖）。用这种改性壳聚糖处理苯酚废水，发现改性壳聚糖对苯酚的吸附速度以及脱除率均明显优于未改性的壳聚糖。就吸附速度而言，壳聚糖对苯酚的吸附以物理吸附为主，而接枝改性壳聚糖对苯酚的吸附以化学吸附为主，改性壳聚糖对苯酚的吸附速度远高于未改性的壳聚糖对苯酚的吸附。从苯酚的去除率和吸附量而言，改性壳聚糖对苯酚的去除率和吸附量也远远高于未改性的壳聚糖。

研究表明，接枝改性后的壳聚糖对苯酚的处理效果远远优于未改性的壳聚糖。从反应条件的研究发现，制备的接枝改性壳聚糖在处理苯酚废水时反应条件更加温和、适用范围更加广泛、再生效果也更加好。

有研究发现，用膨润土负载壳聚糖作为吸附剂，对含酚废水进行吸附，效果良好。用膨润土、壳聚糖、醋酸、Na_2CO_3 按一定比例混合、调 pH、搅拌、干燥，制成负载壳聚糖的膨润土吸附剂。用此吸附剂对含酚废水进行吸附，发现负载壳聚糖的膨润

土吸附剂对水中苯酚有较好的吸附能力。苯酚的吸附效果受溶液的 pH 影响较大，在酸条件加下，负载壳聚糖的膨润土对苯酚的吸附能力较大，pH 为 4 时，吸附率可达到 86%；吸附也受到苯酚的浓度影响，苯酚的浓度高，吸附能力降低；吸附能力也受到吸附时间的影响，吸附时间是 120 分钟时，吸附趋于饱和，吸附率达到 86% 以上。

另外，有许多研究发现，改性壳聚糖对多种废水有很好的去除效果。如：壳聚糖复合絮凝剂用于处理制革废水，在 pH 为 6~7时，对 COD 的去除率比使用聚合氯化铝提高 10%~20%，成本降低 40%~60%。有研究发现，用香草醛改性壳聚糖絮凝剂处理洗毛废水，COD 的去除率达到 66%，比用壳聚糖提高了 56%。用合成壳聚糖季铵盐絮凝剂处理炼油废水，能够达到很好的除油效果。

（二）对污水厂污泥的调理剂

壳聚糖对城市污水处理厂的污泥有较好的调理作用。将不同剂量的壳聚糖加入到污泥中进行调理，加入壳聚糖后污泥表面就有反应，经过搅拌产生絮状体，很快分层，出现上清液。随着壳聚糖加入量的增加，产生的絮状体也随着变大，一定程度后不再变大，上清液增多且较清。控制壳聚糖的加入量，可以获得很好的效果。

脱乙酰壳聚糖对厌氧消化污泥进行脱水处理实验，发现随着脱乙酰壳聚糖絮凝剂的加入（0.7%~1.5%），污泥经过凝聚和离心分离后，有 96% 以上的悬浮固体分离出来形成含水量为 65%~75%、外观干燥的污泥饼，对污泥的沉降效果很好。

十、水处理中的阻垢剂

结垢是水处理中经常遇到的问题，羧甲基壳聚糖可作为吸附剂，有良好的阻垢性能。羧甲基壳聚糖中的氨基、羟基、羧基与成垢金属离子有很强的螯合能力，可阻止垢的形成。在一定范围内，羧甲基壳聚糖对钙离子有比较好的容忍度，阻垢率可达到87％。羧甲基壳聚糖对硫酸钙水垢具有很好的阻垢效果，并且用量低、对高浓度钙离子体系适应性好，是性能很好的阻垢剂。

第七节　甲壳素、壳聚糖在日用化妆品工业中的应用

壳聚糖及其衍生物具有极强的附着力，同时有成膜、保温、防尘、抗静电等优良性能，因此可用于制备发型固定剂、毛发保护剂、柔软剂等，不仅能使头发蓬松、易于梳理、保持头发的色泽，而且还具有促进毛发生长的作用，广泛应用于配制香波、润肤剂、固发摩丝和洗发水等，其性能优于传统的配料产品。

壳聚糖应用于护肤品中，壳聚糖能够清除体内过多的自由基，起到延缓衰老的作用。壳聚糖上的- NH_2 可使自由基链式反应终止，延缓衰老。目前，已有多种含有壳聚糖的化妆品生产并上市销售。壳聚糖非织布的美容面膜具有供养、滋润、活化细胞的作用，是非常好的美容产品。利用壳聚糖的保湿性、成膜性、抑菌性和活化细胞的功能，制备高级护肤化妆品，可保持皮肤的湿润，增强表皮细胞代谢，促进细胞的再生能力，防止皮肤粗糙。

一、固法剂

壳聚糖（含游离氨基 90％）与有机酸（如：甲酸、乙酸、乳酸等）作用形成的盐有阳离子树脂的特性，用作固法剂时，在头发表面形成的薄膜不发黏、软硬适中，在头部出汗或高湿度环境中仍然能保持头发形状。由于壳聚糖是天然生物产品，无毒、无味，产品安全性高。表 4 - 11 是壳聚糖固法剂的配方（质量百分浓度）。

表 4-11 含有壳聚糖的固法剂配方

原 料	配方1（%）	配方2（%）	配方3（%）
壳聚糖	0.6	1.0	1.5
10%甲酸	1.5	0.0	0.0
10%乙酸	0.0	3.4	0.0
10%乳酸	0.0	0.0	7.5
山梨酸	0.0	0.1	0.1
异丙醇	25.0	0.0	0.0
十八醇	0.0	5.0	5.0
抗氧化剂	适量	适量	适量
蒸馏水	余量	余量	余量

二、头发调理剂

加入壳聚糖（含游离氨基90%）或甲壳素的头发调理剂（表4-12），可改善头发的光泽、蓬松感和梳理性，还可增加头发的营养和韧性，减少断法和脱法；还可延缓白发的产生。

表 4-12 含有壳聚糖的头发调理剂配方

原 料	配方1（%）	配方2（%）	配方3（%）
十八醇	5.0	0.0	0.0
十六醇	0.0	4.0	0.0
月桂醇硫酸三乙醇胺	0.0	0.0	30.0
椰油酰胺丙基甜菜碱	0.0	0.0	10.0
羊毛脂	1.0	0.0	1.0
液体石蜡	5.0	5.0	0.0
壳聚糖	0.5	0.5	0.5
凡士林	1.0	1.5	1.0
香精	适量	适量	适量
抗氧化剂	适量	适量	适量
蒸馏水	余量	余量	余量

三、洗法剂

将壳聚糖（含游离氨基 90%）或甲壳素加入洗法香波中（表 4 - 13），可使头发更加有光泽，梳理性更好，还可增加头发的营养和韧性，减少断法和脱法。

表 4 - 13　含有壳聚糖的头发调理剂配方

原　　料	配方 1（%）	配方 2（%）	配方 3（%）
椰油酰胺丙基甜菜碱	50.0	40.0	0.0
椰子油脂肪酸	0.0	0.0	20.0
丙二醇	0.0	0.0	20.0
油酸	0.0	0.0	25.0
壳聚糖	2.0	3.0	5.0
乳酸	2.0	0.0	0.0
10%甲酸	0.0	5.0	0.0
香精	适量	适量	适量
抗氧化剂	适量	适量	适量
蒸馏水	余量	余量	余量

四、护肤剂

壳聚糖无毒、无味，有抗菌作用、保湿功能，配入护肤品中，会增加产品的成膜性，不会引起任何过敏或刺激反应。壳聚糖具有很好的抗菌、保湿功能，可增加皮肤角质层的水分，使皮肤滋润光滑、细腻柔软。应用在化妆品中，有独特的润肤、抗皱、保湿、抗菌效果，其抗菌能力是其他化妆品不具备的，应用前景很广阔。

用壳聚糖、稀醋酸、乳液、氯化钠、硅胶等配制成壳聚糖护肤剂。实验发现，不同分子量的壳聚糖有不同药理作用，高分子量的壳聚糖有抗金黄色葡萄球菌的作用，低分子量的壳聚糖有抗大肠杆菌的作用。低分子量的壳聚糖有更加好的保湿性能，由于低分子量的壳聚糖更加有利于水分子的接近，从而大大提高其吸湿性与保湿性，并且在一定范围内，随分子量的降低保湿性能更加增强。

有研究表明，将壳聚糖与胶原蛋白混合，制得的混合物有很好的抑菌作用，其对金黄色葡萄球菌、铜绿假单胞菌、大肠埃希菌均有抑制作用，抑菌浓度分别为 0.022%、0.044%、0.088%（质量分数）。

将壳聚糖加入化妆品中（表 4-14），可增加皮肤角质层的水分，使皮肤滋润光滑且富有弹性，对皮肤有很好的保水作用。

表 4-14　含有壳聚糖的润肤剂配方（质量百分数）

原　　料	配方 1（%）	配方 2（%）	配方 3（%）
脂肪酸甘油三酸酯	18.0	5.0	0.0
三硬脂精	8.0	0.0	0.0
丙二醇	6.0	0.0	5.0
防霉剂	2.0	0.0	0.0
氢化鼠李糖	1.0	0.0	0.0
异鲸蜡醇硬脂酸酯	1.5	0.0	0.0
壳聚糖	0.5	0.5	3.0
香精油	0.05	1.0	0.5
甘油—硬脂酸酯	0.0	2.0	0.0
十六烷醇	0.0	3.0	0.0
凡士林	0.0	5.0	3.0
聚氧乙烯十六烷基醚	0.0	30.0	0.0
乳酸	0.0	0.0	20.0
柠檬酸	0.0	0.0	8.0
蒸馏水	余量	余量	余量

第八节　其他方面的应用——制作安全玻璃

通过黏合方法制造安全玻璃和防弹玻璃，在安全领域有广泛的应用。作为玻璃的黏合剂，要求与玻璃的浸润性越好，黏合强度就越高，所以要求有极性基团，如：—OH，—COOH，—NH$_2$等。加工后的玻璃在透明度、耐水性、耐热性、耐光性等方面性能很好，不产生气泡。

从化学结构看，壳聚糖有许多极性功能基团，因此，可以作为优良的玻璃黏合剂。有研究发现，将壳聚糖配制成一定浓度的溶液，黏合玻璃，制得双层黏合玻璃，其抗剪强度不少于 0.3 兆帕，破坏载荷不少于 0.60 千牛，具有黏结力强、牢度好、无色透明、长时间日光照射不变色、不产生气泡等特点，有非常好的发展前景。

第五章　壳低聚糖的制备方法

第一节　壳低聚糖的性质

壳聚糖的低聚糖是指 2～10 个单糖以糖苷连接而成的糖类总称。壳低聚糖是壳聚糖经化学降解和酶降解生成的一类低聚物。近年来，随着研究的深入，壳低聚糖展现出独特优越的生理活性和功能性质，因此用途很广。

壳聚糖的相对分子质量从几百到几万的氨基葡萄糖聚合物都被称为壳低聚糖，壳低聚糖的理化性质与壳聚糖有很大差异。由于甲壳素和壳聚糖的相对分子质量大，不能直接溶于水，在人体内也不容易被吸收，因而在医药、生物、农业等领域的应用受到限制。而壳聚糖降解后的产物壳低聚糖分子量降低，大大提高了它的溶解性，在碱性强的溶液中，壳低聚糖仍可以溶在水中，而壳聚糖只能溶解在酸性溶液中。壳低聚糖溶解在水中，才有可能被生物体吸收和利用，表现出生理活性，所以，壳低聚糖的水溶解性是它的重要和独特的性质。

由于壳低聚糖分子中含有游离氨基和半缩醛羟基，在高浓度和高温条件下容易发生缩合反应；壳低聚糖溶液有较强的还原性，在有氧化剂存在或暴露在空气中时，易发生氧化反应，这两种反应都能够使壳低聚糖溶液颜色加深，因此，壳低聚糖制成溶液后应该保存在低温处。但壳低聚糖的盐较稳定，如硫酸盐和盐酸盐，可以使壳低聚糖成盐，以增加它的稳定性。

从结构上看，壳低聚糖与壳聚糖在理化性质上有相似性也有较大差异。壳低聚糖与壳聚糖的分子中都含有羟基、氨基，因此壳低聚糖易进行酰化反应、酯化反应、烷基化反应、氧化反应等。在壳低聚糖分子中引入不同性质的官能团，可得到独特功能的衍生物，从而扩大了壳低聚糖的应用领域。

壳低聚糖与一些金属离子有螯合作用，一些离子半径较大的金属离子与壳低聚糖可形成螯合物，而离子半径较小的金属离子与壳低聚糖不能形成螯合物，利用这种性质，可将壳低聚糖作为机体内某些重金属离子（铜离子、铅离子等）的清除剂；也可以通过壳低聚糖与某些重金属离子的螯合（锌离子等），来给机体补充这些离子。

壳低聚糖中由于有氨基，所以它是碱性物质，可以和溶液中的无机酸、有机酸等吸附结合，也可以吸附体内的酸性物质，从而改善机体环境。

第二节　壳低聚糖的制备方法

目前，壳低聚糖的制备大多采用降解壳聚糖的方法，可制得一系列不同聚合度的壳聚糖。降解壳聚糖的方法基本有三种，即物理降解法、化学降解法、生物降解法。

一、物理降解法

物理降解法通常有加热、微波、超声波等方法降解壳聚糖制备壳低聚糖。

（一）加热法

有研究发现，直接加热甲壳素和壳聚糖至 $120\sim180$ ℃，无定形的甲壳素和壳聚糖可被有效地降解，但晶体结构的则不能降解。在酸性条件下，直接加热甲壳素和壳聚糖至 $120\sim300$ ℃，可直接降解。另有研究发现，在超临界流体反应装置中，利用临界水（温度 $513\sim623$ 开的压缩液态水）降解壳聚糖，在短时间内壳聚糖可降解成小分子壳低聚糖，适宜条件 25

兆帕、时间 5 分钟。

（二）微波法

利用微波技术降解壳聚糖，可以将甲壳素的脱乙酰化反应和壳聚糖的降解反应同时进行，这样可以减少生产成本，降低碱的用量，缩短生产时间，同时保护环境无污染。

利用 320 瓦的微波辐射能量，用 H_2O_2 作氧化剂，在 HCl 酸性条件下，降解壳聚糖，反应在 3 分钟完成，得壳低聚糖，得率 40%。又有研究发现，利用 480～800 瓦的微波辐射能量，在电解质 NaCl 或 $CaCl_2$ 的存在下，降解壳聚糖，反应在 3～12 分钟完成，冷却至室温，再用 2 摩尔/升 NaOH 溶液中和得到淡黄色沉淀，冷却沉淀，抽滤、干燥、粉碎，得壳低聚糖。此方法污染小、能耗小、时间少，此方法产业化前景很好。

（三）超声波法

超声波可以加速壳聚糖的降解反应，反应条件温和，可以在低温进行。选用适当频率和功率的超声波降解壳聚糖，可以有效地使壳聚糖的大分子断裂。有研究表明，用超声波降解溶于稀盐酸中的壳聚糖，时间 30 小时，能得到相对分子量很低的壳低聚糖产品。升高温度和延长照射时间有利于降低产物的相对分子质量。在壳聚糖和乙酸溶液的体系中，温度 30 ℃，降解壳聚糖成壳低聚糖；如果升高温度至 50 ℃，降解反应速率提高 12 倍。超声波降解法的酸用量少，后处理过程简化，对环境的污染大大减少，缺点是收率比较低。

二、化学降解法

（一）酸降解法

在酸性溶液中，壳聚糖不稳定，会发生长链的部分水解，糖苷键会发生断裂，形成相对分子质量大小不等的片段。通过选择酸和控制酸水解的过程，可得到相应分子量范围的壳低聚糖。

1. HCl 降解法　将壳聚糖溶解在盐酸溶液中，100 ℃反应，时间 32 小时，壳聚糖降解得到聚合度为 2～7 的壳低聚糖；随着盐酸浓度增大、温度增高，降解速度加快。这种方法工艺简单，但降解条件比较难控制，环境污染严重。

2. HNO₂ 降解法 目前一般采用 $NaNO_2$ 降解壳聚糖溶液。将壳聚糖溶解在乙酸（10%）中，搅拌并且缓慢滴入 $NaNO_2$ 溶液（10%），滴加 30 分钟，静置 10 小时反应，得产物壳低聚糖。或将壳聚糖溶解于 HCl 中，再加入 $NaNO_2$ 溶液，室温下反应 14 小时，分离、纯化后得到壳低聚糖。

HNO_2 降解法反应条件温和、速度快、收率高，可以制备特定相对分子质量的壳低聚糖。但 $NaNO_2$ 溶液降解壳聚糖时，反应过程中氨基有一定程度的损失，而氨基对于壳聚糖进一步的改性制备衍生物是很重要的，所以此法还需要进一步改进工艺设计。

3. 乙酸降解法 有研究发现，将壳聚糖加到冷的乙酸酐中，加浓硫酸作催化剂，室温放置 40 小时，再 55 ℃保温 10 小时。反应溶液倒入 0 ℃乙酸钠溶液中，离心分离，取上清液，加碳酸钠中和，水洗、干燥、过滤，可得到系列壳低聚糖。乙酸降解法所需时间长，处理也较困难，不易于大规模生产。

（二）氧化降解法

氧化物降解法使目前研究较多的一种方法，其中以 H_2O_2 法较为普遍，目前已有工业应用。H_2O_2 氧化降解法具有成本较低、降解速度快、产率较高、环境污染小等优点，备受关注。

1. H₂O₂ 法 H_2O_2 作氧化剂对壳聚糖进行氧化降解，可以在酸性、碱性、中性条件下进行，均可得到相对分子质量的壳低聚糖。

在酸性溶液中：将壳聚糖溶于乙酸溶液中，加入 H_2O_2 水溶液，调节 pH 为 3～5，进行降解，得到产物壳低聚糖。

在碱性溶液中：将壳聚糖的 pH 调节为 11.5，温度 70 ℃，

分批加入 H_2O_2 溶液，进行降解，得到产物壳低聚糖。

在中性溶液中：将壳聚糖分散在水中，加热到所需温度，搅拌并分批加入 H_2O_2 溶液，反应一段时间，用碱调 pH 为 7 以上，滤出沉淀，水洗、干燥，得到壳低聚糖。升高温度和提高 H_2O_2 溶液浓度，均可缩短水解时间，提高产率。但过高温度和 H_2O_2 浓度也会影响产率。

由于 H_2O_2 在溶液中形成各种游离基团，如：$HO_2 \cdot$、$HO \cdot$ 及新生态 O，这些基团对壳聚糖具有强的氧化降解作用。反应物 H_2O_2 量的多少直接影响壳聚糖的降解速率和产率，选择 H_2O_2 的用量，可控制得到特定分子质量的壳低聚糖。

2. 过硼酸钠法 将壳聚糖分散在过硼酸钠的水溶液中，50 ℃进行非均相反应，3～4 小时，过滤、水洗、干燥，得到壳低聚糖。或将壳聚糖分散溶解在 30 ℃过硼酸钠的水溶液中，保温，不断搅拌 4 小时，过滤、水洗、干燥，得到相对分子质量 16 000 的壳低聚糖。

过硼酸钠法的优点是反应条件温和，反应容易控制，反应物过硼酸钠价格低廉，降解前后壳聚糖的自由氨基含量不会发生变化。

三、生物酶降解法

生物酶降解法是利用生物酶降解壳聚糖成为壳低聚糖的方法，此法有较多优点：反应条件温和，设备条件简单，降解过程易于控制，降解产物的相对分子量也易于掌握，壳低聚糖得率比较高，不会造成环境污染，是目前经济效益较高的、可以规模化生产的方法。

生物酶降解法可分为专一性酶降解法和非专一性酶降解法。专一性酶降解法是利用壳聚糖为专一性底物的酶主要有甲壳素酶、壳聚糖酶，由于主要来源于细菌、真菌等微生物细胞，来源有限，价格昂贵，不能大量获得。而非专一性酶来源广泛，降解效果也比较明显，如蛋白酶、溶菌酶、脂肪酶、淀粉酶、纤维素酶等。

（一）专一性酶降解法

甲壳素酶广泛分布于细菌、真菌、放线菌等多种微生物，以及植物组织和动物的消化系统中。甲壳素酶对线性结构的乙酰氨基葡萄糖苷键有专一性水解作用。水解的最终产物是甲壳二糖和少量甲壳三糖。由于甲壳素不溶于水，反应是在非均相条件下进行，反应很慢，当用壳聚糖作为底物水解时，得到壳低聚糖，然后再乙酰化，得到甲壳素的低聚糖。甲壳素酶除了水解甲壳素外，还可以水解部分乙酰化的壳聚糖，甲壳素酶催化水解至少含有一个 N-乙酰氨基葡萄糖基团的糖苷键。

壳聚糖酶是壳聚糖的专一性水解酶，自然界中的壳聚糖绝大部分是由壳聚糖酶催化水解成小分子的。壳聚糖酶主要存在于细菌、真菌、放线菌的细胞中，壳聚糖酶仅能作用于甲壳素脱乙酰化后的产物，不同来源的壳聚糖酶的氨基排列顺序和分子质量差别很大。从植物中分离得到的壳聚糖酶分子质量范围为 10 000～21 000 道尔顿，而从微生物分离得到的壳聚糖酶分子质量范围为 20 000～50 000 道尔顿。

壳聚糖酶是酶降解法中降解壳聚糖的最理想酶种，控制反应条件，壳聚糖酶降解壳聚糖可得到聚合度低至 2～7 的水溶性壳低聚糖。来源于各种微生物的壳聚糖酶降解壳聚糖时的最适宜温度 30～50 ℃，pH 为 4～8，壳聚糖酶的热稳定性和 pH 稳定性相对较好（图 5-1、图 5-2）。有研究发现，壳聚糖酶催化降解壳聚糖最佳的反应条件为：温度 37 ℃，pH 为 5.5，在 30 ℃时，反应 3 小时失活；最适反应温度较高，最适 pH 范围较宽，壳聚糖的脱乙酰度 90％以上，壳聚糖酶的热稳定性和 pH 稳定性相对较好。如果 pH 为 4～6，反应温度在 50 ℃以下，壳聚糖酶可以保持稳定。

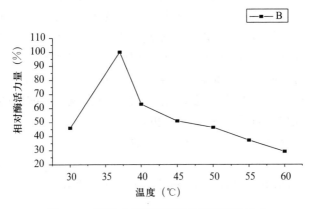

图 5-1 温度对壳聚糖酶降解壳聚糖的影响

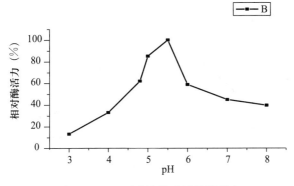

图 5-2 pH 对壳聚糖酶活性的影响

（二）非专一性酶降解法

近年来，发现许多种酶如：纤维素酶、果胶酶、脂肪酶、淀粉酶、葡萄糖酶、蛋白酶等对壳聚糖有非专一性降解作用，得到低相对分子质量产品。

由于壳聚糖和纤维素都是由 D-葡萄糖经聚合形成的以糖苷键连接起来的多糖化合物，结构非常相似，并且纤维素酶在自然界廉价易得，所以利用纤维素酶降解的研究目前很多。利用纤维素酶催化降解壳聚糖时效果明显，其最佳反应条件为：pH＝4.8，反应温度 40 ℃，能得到平均相对分子质量 18 000 的壳低聚糖。在 30 ℃时，反应 1 小时失活加快，说明纤维素酶的耐热性能不好。同样，纤维素酶在 40 ℃，保温 2 小时的条件下，pH为 4.8～9，酶较稳定，稳定区间较壳聚糖酶宽，对酸碱的适应能力较壳聚糖酶强，pH 稳定性更好。

有研究发现，木瓜蛋白酶能快速降解壳聚糖，反应最佳 pH为 4.5，最佳温度是 45 ℃（图 5 - 3、图 5 - 4）。降解速度随着用酶量的增加而线性增加。降解时壳聚糖的底物浓度为 1%，脱乙酰度为 70%。

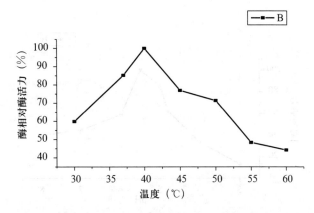

图 5 - 3　温度对纤维素酶降解壳聚糖的影响

有研究发现，脂肪酶对壳聚糖有降解作用，脂肪酶对脱乙酰度 72%～82%的壳聚糖有很好的水解活性，酶的最佳反应温度 55 ℃。进一步研究发现，在水解时间大于 6 小时的情况下，脂肪酶在 37 ℃条件下，水解壳聚糖的产率大于 55 ℃时的产率。脂肪酶在 37 ℃条件下水解壳聚糖 24 小时，产率达到 93%（以还原糖计），产物主要为聚合度 2～6 及以上的壳低聚糖。

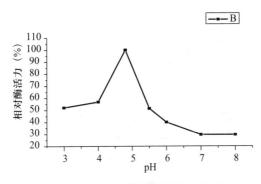

图 5-4　pH 对纤维素酶活性的影响

(三) 温度对降解酶稳定性的影响

酶对温度具有高度敏感性是酶的特性之一。大多数酶当升高温度到 40 ℃时，活性就开始下降，到 50～60 ℃酶活力就丧失。说明温度影响了酶的稳定性。各种酶都有对热稳定的温度范围，就是指酶在该温度范围内是稳定的，不发生或很少发生失活。酶的热失活温度常常与蛋白质的变性温度很相近，说明酶失活是由于酶蛋白变性结果引起的。测定酶的稳定温度，通常是先让酶分别在不同温度下保温处理一定时间，然后迅速冷却到一定温度下测定酶的活性，就可得到酶的稳定温度。了解酶对温度的稳定范围，可以知道在什么温度条件下进行酶工作，有助于对酶的研究。

有研究者对壳聚糖酶和纤维素酶的热稳定性进行研究，测定在不同温度下对酶进行不同时间的保温后酶的稳定性，选择 30 ℃、40 ℃、45 ℃、50 ℃，分别保温 1 小时、2 小时、3 小时，立即进行流水冷却，时间 2 分钟，在 40 ℃精确反应，测定剩余的酶活力。以不保温的酶液作空白对照。

以直接反应的酶活力为 100％，其余所得数据折合成剩余酶活力的百分数，再对保温时间作图 (图 5-5、图 5-6)，如下：

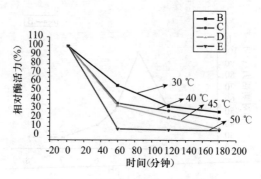

图 5-5　纤维素酶的热稳定性曲线

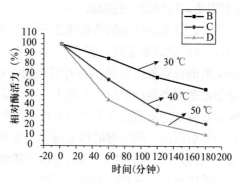

图 5-6　壳聚糖酶的热稳定性曲线

由以上曲线可知，随时间的延长，酶活性在下降。以上各温度放置 3 小时以后，30 ℃和 40 ℃纤维素酶活性下降较平缓，45 ℃略有失活，50 ℃急剧失活。说明纤维素酶的耐热性能不太好。

（四）微量元素对降解酶活性的影响

许多酶在高度纯化状态下并没有活力，这是因为在纯化过程中将酶活非蛋白成分——辅酶或无机离子分离掉了，如果加入少量的辅酶或无机离子，活力又会表现出来，人们通常把这些无机离子称为激活剂。还有一些物质，使酶蛋白活性部位的结构和性质发生改变，从而引起酶活力下降或丧失，这种物质被称为抑制剂。

有研究者对一些无机金属离子的激活及抑制作用进行了测试。配制的金属离子浓度为0.5摩尔/升。在壳聚糖酶反应液中分别加入不同的金属离子，然后按标准方法测定酶活力，结果列于表5-1：

表5-1　微量元素对降解酶活性的影响

金属离子	相对酶活力（%）
K^+	100
Na^+	86.55
Zn^{2+}	82.01
Co^{2+}	63.62
Fe^{2+}	62.01
Pb^{2+}	50.62
Mn^{2+}	41.87
Ag^+	25.92
Cu^{2+}	23.99

由表5-1可见：Cu^{2+}、Ag^+、Mn^{2+}、Pb^{2+}等离子对壳聚糖酶有较强的抑制作用。

第六章 壳低聚糖的应用

第一节 壳低聚糖的重要生理功能

一、抗氧化作用

壳低聚糖对羟基自由基、超氧自由基及以碳为中心的自由基都具有一定的清除作用，其活性与脱乙酰度和分子质量有关，有研究发现：脱乙酰度90%、分子质量5道尔顿的壳低聚糖对自由基的清除活性最高。壳低聚糖能显著降低血清中尿酸的含量，能显著提高肝组织的抗氧化活性。在细胞水平上，壳低聚糖也有很好的抗氧化活性，可以增加细胞内的超氧化物歧化酶和谷胱甘肽过氧化物酶，能抑制由于过氧化氢引起的体内活性氧的产生和细胞凋亡。

二、抗菌作用

有研究发现，壳低聚糖对牙菌有抑制作用，对革兰氏阳性菌、革兰氏阴性菌均有很好的抑制作用，抑制率可在90%以上，而中分子量和低分子量的壳低聚糖的抗菌作用更好。

将壳低聚糖用 HAc - NaAc 配制成溶液，用分光光度计测菌体在不同浓度的壳低聚糖溶液中的生长密度，研究壳低聚糖对菌种的生长抑制。发现壳低聚糖的质量分数为 2.0%～2.5% 时，壳低聚糖基本可以抑制大肠杆菌、金黄色葡萄球菌及枯草杆菌的生长。

有研究发现，壳低聚糖在抑制大肠杆菌、金黄色葡萄球菌及枯草杆菌时效果明显。用醋酸缓冲溶液配制不同浓度的壳低聚糖溶液，用分光光度计测定在不同浓度的壳低聚糖溶液中，菌体的生长密度以及壳低聚糖对菌种的生长抑制。实验发现，当壳低聚糖的质量浓度为 2.0%～2.5%时，该壳低聚糖溶液可基本抑制大肠杆菌、金黄色葡萄球菌及枯草杆菌的生长。壳低聚糖的抑菌作用随质量浓度的增加而增大，抑菌作用在质量浓度为 2.0%～2.5%时及之后基本持平。因此，可以认为壳低聚糖在抑制大肠杆菌、金黄色葡萄球菌及枯草杆菌的最佳抑菌质量分数为 2.0%。

三、保护关节健康作用

骨折是临床上的常见病，而骨形态发生蛋白是成骨细胞分泌的一种重要的细胞因子，能诱导血管周围的间充质细胞分化增殖为骨质细胞，在骨折愈合中起着重要作用。壳低聚糖可通过某种机制促使成骨细胞的活性增高，从而促进骨折愈合。

壳低聚糖也有加速钙吸收的作用，相对分子质量在 1 000 以下的磷酸化壳低聚糖有较强的抑制磷酸钙沉淀的作用，增加钙吸收率。

四、促进伤口愈合的作用

有研究发现，壳低聚糖可以促进体内成纤维细胞的增殖，能增加胶原酶的释放和活性，可以促进伤口愈合，如：有助于口腔黏膜的康复。经壳低聚糖处理的伤口周围有更多的成纤维细胞被激活，较之未经过壳低聚糖处理的伤口愈合得更快更好。壳低聚糖可以预防炎症的发生，控制炎症的发展，减轻疾病的恶化速度，改善病情。

五、提高机体免疫力和抗癌的作用

有研究表明，壳低聚糖可以激活巨噬细胞的免疫活性，与其他免疫增强剂相比，壳低聚糖具有生物可降解性和生物相容性，无毒副作用。聚合度为 4～7 的壳低聚糖对患腹水癌的小白鼠有明显的抑制肿瘤的作用；壳低聚糖对肝癌细胞同样有抑制作用，对肿瘤细胞的生长有完全抑制作用，作用机理是诱导肿瘤细胞凋亡。壳低聚糖无毒性、无变异性和无热原性，并且增加活体巨噬细胞释放白细胞素。因此，对细胞分裂具有调节作用。

六、抗病毒作用

壳低聚糖可以引起噬菌体失活，作用机制是通过黏合抗生素微粒，破坏并黏附住噬菌体微粒。壳低聚糖具有对预防感冒、预防上呼吸道感染的作用，并且可以减轻和缓解感冒症状。

七、对心脏血管作用

壳低聚糖有清除血液中胆固醇的作用，在小鼠实验中，喂食壳低聚糖的小鼠血清中胆固醇水平降低约 25%。

心肌梗塞是一种严重的疾病，目前治疗方法作用是药物溶栓，心脏支架术等。目前有研究发现，壳低聚糖对心肌细胞具有保护作用，尤其对受损的心肌细胞具有保护作用，其中以 800 微克/毫升浓度壳低聚糖的保护作用最显著。

八、降低血压的作用

在体内，血管紧张素Ⅰ转换酶（ACE）是高血压蛋白酶—血管紧张素系统的重要调节枢纽。一方面，从肝脏分泌的血管紧张素Ⅰ由 ACE 转化为血管紧张素Ⅱ，而血管紧张素Ⅱ促使血管收缩，形成血压；另一方面，血浆中的舒缓激肽促进血管扩张，使血压下降，而 ACE 使舒缓激肽分解，钝化血管舒缓激肽，从而产生高血压症状。所以，抑制 ACE 的活性，就可使血压下降。有研究发现，壳低聚糖可抑制 ACE 的活性，其中，脱乙酰度 50%、分子量居中的壳低聚糖具有较强的 ACE 抑制活性。

九、可调节动物肠道内微生物的代谢活动

壳低聚糖可改善肠道微生物区系分布，刺激肠道有益菌（如双歧杆菌）的生长。人体内双歧杆菌增殖，能使肠内 pH 降低、抑制腐败物质形成、改善便秘、增加维生素的合成量，并使免疫功能能得到调节，对改善胆固醇等脂类代谢也有作用，可起到纤维素类似的保健作用，故作为人体保健药物具有重要的开发价值。

第二节　壳低聚糖的综合利用

一、在医药领域的应用

（一）抑制肿瘤生长

有研究表明，壳低聚糖对许多肿瘤细胞都有抑制作用，如：对肉瘤细胞、肝癌细胞、肺癌细胞、白血病病细胞株、结肠癌细胞株等都具有抑制效果。尤其浓度为 1.5％的壳低聚糖能明显抑制实体瘤的生长，抑制率达到 47％。壳低聚糖对肺癌细胞的抑制效果更加明显，抑制率达到 76％。

壳低聚糖可显著降低肿瘤细胞活性，通常是通过诱导肿瘤细胞坏死来实现。肿瘤细胞坏死是指肿瘤细胞肿胀或发生不规则变化，细胞膜破裂，胞质外溢，最终这些崩溃的细胞碎片被巨噬细胞吞噬清除，细胞核及胞质物被降解。壳低聚糖作为一种良好的聚电解质，能被吸附在血管壁细胞的表面，达到可抑制癌细胞的转移。

研究发现，低聚合度的壳低聚糖较之高聚合度的壳低聚糖对肿瘤的抑制作用更强。聚合度为 6 的壳低聚糖有更好的肿瘤抑制效果。

（二）抗癌的作用

壳低聚糖可通过活化人体中的淋巴细胞，抑制癌细胞的扩散和繁殖来达到抗癌作用。癌细胞的形成通常伴随大量癌毒素的释

放，这些毒素会降低人体的铁质，导致人贫血、食欲减退，而壳低聚糖在人体肠道内形成小分子基团，容易被肠道吸收，从而抑制癌毒素在人体内的释放。

壳低聚糖具有多方面生理功能以及抗癌效果，特别是甲壳低聚糖具有很强的生理活性，在抗癌新药和营养保健品方面具有很大发展前景。它可作为早期癌症的治疗药物，其机理是壳低聚糖能够抑制癌肿毛细血管内皮的生成，由于癌肿毛细管不能加长，致使癌肿局限在局部，不能向周围浸润减弱癌细胞的转移扩散利于专科治疗。如果癌肿体积在 1.0 厘米^3（癌细胞数量为 10^9 个）单独使用壳低聚糖便具有抗癌作用。目前，发现 N-乙酰基壳己糖（六糖）具有最强的活性，在抗癌新药的开发方面有较大的前途。

（三）抑制肿瘤细胞血管生成

有研究发现，壳低聚糖能够通过提高机体血液中 SOD 的活力，增强机体抗氧化能力，抑制肿瘤血管生成，从而抑制肿瘤的生长和转移。壳低聚糖能够显著抑制肝癌细胞培养液诱导的人脐静脉内皮细胞的增殖、迁移和形成管状结构，从而具有抑制肿瘤血管生成的潜能。其中，分子质量为 1 000～3 000 道尔顿的壳低聚糖抑制效果最好。

（四）降血脂的作用

有研究发现，中等分子质量的壳低聚糖对 H_2O_2 和超氧负离子有很好的清除效果，并且脱乙酰度越高，清除能力越强。低分子质量的壳低聚糖能很好地清除细胞内的自由基，较高的脱乙酰度及较低的分子质量脱除自由基的效率更高，壳低聚糖可以清除羟基自由基 HO· 和超氧自由基 O_2^-·，清除效率达 80%。不同分子质量的壳低聚糖对 DNA 的氧化损伤也有很好的保护作用。

（五）用于预防骨质疏松

有研究发现，壳低聚糖可有效预防骨密度的降低，防止钙质流失，增加机体对钙的保持力，可使骨质的总钙含量、骨质密度和力度都有显著增加。

壳低聚糖也有加速钙吸收的作用，磷酸化壳低聚糖有较强地抑制磷酸钙沉淀的作用，增加钙吸收率。因此，可在乳品奶中加入壳低聚糖，以增加对钙质的吸收。

（六）用于伤口愈合

有研究发现，壳低聚糖可以促进体内成纤维细胞的增殖，能增加胶原酶的释放和活性，在伤口愈合的过程中，成纤维细胞经过迁移、增殖、分泌大量的胶原纤维和基质成分，与新生毛细血管等共同构成肉芽组织，填补组织缺损，为表皮细胞的覆盖创造条件。分子量小的壳低聚糖，可以使更多有活性的纤维原细胞聚集在伤口处，促进伤口愈合。

（七）降低血糖的作用

糖尿病是一种代谢内分泌疾病，是由于绝对或相对的胰岛素分泌不足所引起的，主要特征为糖、脂肪及蛋白质的代谢紊乱，导致血糖及尿糖过高。

糖尿病患者多由于胰岛素分泌不足，体液多呈酸性，壳聚糖分子中有碱性基团，在体内可使酸性体液恢复成弱碱性，可使胰岛功能上升，可调节体液 pH 到弱碱性，增加胰岛素的分泌量，提高胰岛素利用率，有利于糖尿病的防治。同时，亦有调节内分泌的功能，使胰岛素分泌正常，血糖降低。

有研究发现，用壳聚糖治疗大鼠糖尿病，治疗后大鼠血糖浓度明显下降，血清胰岛素含量明显提高。但由于壳聚糖不溶于水和一般的有机溶剂，使壳聚糖的应用受到限制。而低分子壳聚糖较高分子壳聚糖有更好的溶解性，以及更高的生物活性，更有利于人体的消化吸收。用低分子壳聚糖对 2 型糖尿病大鼠进行治疗，发现大鼠血糖明显下降，血清胰岛素含量升高，并且改善了大鼠的一般状况，能抵抗体重的降低。但低分子壳聚糖对正常大鼠的血糖、血清胰岛素没有影响。结果表明，低分子壳聚糖对糖尿病有明显的调节作用，它能够降低血糖浓度，提高血清胰岛素含量，能有效防治糖尿病。

二、在保健领域的应用

壳低聚糖作为自然界中唯一的碱性多糖，生物活性高，无毒、无副作用，可被人体快速吸收。壳聚糖在保健食品上的应用非常广泛，具有多种生理调节机能，可调节人体免疫力，改善消化吸收机能，降低脂肪和胆固醇的摄取，降低高血压，促进钙吸收；壳低聚糖可以激活免疫系统，抑制肿瘤细胞的增长；可与食品中脂类结合并抑制其在肠道中的吸收；壳低聚糖可通过清除体内过多的自由基，起到对细胞膜抗氧化的保护作用。壳低聚糖具有低甜度、低热值、低黏度等特性，被广泛应用于食品、饮料制品中。

（一）保肝护肝的作用

壳低聚糖对肝脏有保护作用，壳低聚糖对急性肝损伤有很好的保护作用。由于壳低聚糖具有良好的抗氧化性，并且增强体内SOD 等抗氧化酶的活性，减轻了自由基对脂膜的攻击，具有明显的肝保护功能。

（二）排除体内重金属离子的作用

有研究发现，壳低聚糖能排除人体内重金属离子，壳低聚糖可借氢键、盐键形成具有网状结构的分子，能选择性的吸附Zn^{2+}、Cd^{2+}、Ni^{2+}、Hg^{2+}、Pb^{2+}等重金属离子，并排出体外，但不吸附 K^+、Na^+、Ca^{2+}、Mg^{2+}、SO_4^{2-}、CO_3^{2-} 等离子。

（三）促进肠道健康的作用

壳低聚糖可促进肠道内双歧杆菌的生长，双歧杆菌在体内可抑制其他微生物的生长，从而调节肠道内微生态平衡。双歧杆菌和乳杆菌是人体肠道内主要的生理菌群，它们组成生物屏障和化学屏障阻止或抑制致病菌在肠道内的繁殖，有维持体内生态平衡的重要功能。有研究证实，壳低聚糖能使人体内双歧杆菌和乳杆菌增殖，并且对其他有害菌及微生物有抑制和杀灭的作用，如：

可明显降低大肠杆菌和肠球菌的数量。壳低聚糖还可抑制肠道病原菌对大肠细胞的粘连作用，抑制率约为 $10\% \sim 30\%$。

壳低聚糖与胃酸作用可形成一种胶状液，黏附在胃壁上，形成一种保护膜，防止胃酸对胃部损伤面的刺激，保护胃部健康。

（四）促进骨骼生长的作用

壳低聚糖通过抑制破骨细胞的再吸收，可促使成骨细胞的活性增高，防止骨密度降低，促进骨折修复。可抑制钙质形成不溶性的钙盐，减少钙质的排泄，增加机体对钙的保持力，可使骨质的总钙含量、骨质密度和力度都有显著增加。壳低聚糖也有加速钙吸收的作用，如磷酸化壳低聚糖有较强的加速钙吸收的作用。因此，可在钙强化奶中加入磷酸化壳低聚糖，以增加对钙质的吸收率。

（五）瘦身减肥、口腔健康方面的作用

有研究发现，壳低聚糖在体内可与相当于它们身体许多倍的脂类物质如脂肪酸、胆固醇、甘油三酯等生成络合物，这些络合物不能被消化系统所吸收，从而促使脂类物质从体内排出，达到瘦身减肥的效果。

由于壳低聚糖具有预防龋齿、防止牙周病、消除口腔异味、促进伤口愈合的作用，所以壳低聚糖可以作为甜味剂掺入口香糖中，既能起到口腔保健的作用，也具有良好的口味。

三、农业方面的应用

（一）调控植物生长、抑制病虫害的作用

壳低聚糖具有调控植物生长、发育、繁殖、防病和抗病的功能，能够刺激植物的免疫系统反应，激活防御反应和调控植物生长，产生具有抗病害的活性物质，抑制病害的形成。

由于长期使用农药，病虫害的抗药性越来越强，壳低聚糖具有良好的抗病虫害的功能，并且安全、高效、成本低，可使水果、蔬菜、粮食增产，可以部分代替化学农药。壳低聚糖农药的环境相容性好，易分解、无残留，对环境和生态平衡无不良影响。

有研究发现，壳低聚糖对小麦、水稻、玉米都具有诱导抗性。用不同分子量、不同浓度的壳低聚糖针对水稻纹枯病和稻瘟病进行试验，发现壳低聚糖对水稻叶片壳聚糖酶有不同诱导作用，其中相对分子质量为 1 500 的壳低聚糖诱导效果最好。壳低聚糖诱导后接种稻瘟病菌的植株抗性明显增强，病斑级别明显下降。

用分子量 2 000 以下的壳低聚糖溶液进行小麦、豌豆等拌种，可以防止地下霉菌对种子的危害，提高抗病能力，抗倒伏能力，增产可达 10%～30%。

壳低聚糖可促进小麦种子胚细胞周期启动，并对促进小细胞的生长具有很好的活化作用，壳低聚糖对小麦种子胚细胞的生长发育状态、开花结果及植物分裂都有促进作用，使植物增强对营养物质的吸收，提高农作物的产量和质量。

用壳低聚糖在辣椒幼苗期施用，能很好地防治辣椒病病毒、辣椒炭疽病、辣椒褐斑病、辣椒枯萎病，防治效果达到 80%～90%，壳低聚糖能有效促进植物的正常生长发育，使辣椒叶色浓绿、茎秆健壮，保花效果很好，可以大面积喷洒使用。

用壳低聚糖水剂防治番茄病毒病有很好效果，壳低聚糖的使用浓度为稀释 300～500 倍。壳低聚糖的使用浓度为稀释 1 000 倍，对防治番茄早疫病有较好效果。在试验浓度下，壳低聚糖对番茄品种无不良影响，对农作物使用安全，可以大面积推广使用，一般在发病初期对农作物进行喷洒。

用壳低聚糖水剂防治黄瓜霜霉病效果较好，壳低聚糖的使用浓度为稀释 300～500 倍，施药方法一般为喷雾法，时间在发病初期喷洒。壳低聚糖作为非化学药物，对环境无污染，对农作物安全，能有效控制黄瓜霜霉病病变。

壳低聚糖对白菜、茄子、花菜、莴笋等蔬菜有诱导抗性，壳低聚糖稀释液对白菜软腐病、茄子病毒病、花菜黑腐病、莴笋霜霉病、冬瓜枯萎病等均能有效防治，壳低聚糖的使用浓度为稀释 300～500 倍，施药方法一般为喷雾法或浸种。壳低聚糖对农作物及环境无污染，防病效果安全可靠。

壳低聚糖对苹果、葡萄、西瓜、番木瓜等水果有诱导抗性，壳低聚糖稀释液对苹果花叶病、苹果落叶病、葡萄霜霉病、西瓜蔓枯病、番木瓜环斑病等有预防和控制作用。壳低聚糖的使用浓度为稀释 300～500 倍，施药方法一般为喷雾法或浸种，一般在病虫害初期喷洒，有较好的预防和治疗效果。

（二）对蔬果的保鲜作用

壳低聚糖对蔬菜水果有非常明显的保鲜作用，可延长果蔬的保鲜期，降低果蔬的腐烂率，保证果蔬的营养成分及外观品质。

有研究发现，将两种低分子量壳聚糖按不同比例配制，用配制后的混合壳低聚糖溶液对水果草莓进行涂膜保鲜，发现壳低聚糖涂膜处理后的草莓保鲜效果非常显著。将相对分子质量为 10 000 和 2 000 的低分子量壳聚糖复配，按 1∶1 比例和 1∶3 比例进行配比，将混合壳低聚糖溶液涂膜实验用新鲜草莓，测定草莓的腐烂率。其中以配比 1∶1 比例混合的壳低聚糖涂膜的草莓第一天的腐烂率为 2.75%，第六天的 66.8%；以配比 1∶3 比例混合的壳低聚糖涂膜的草莓第一天的腐烂率为 4.12%，第六天的 69.20%；而未经涂膜的对照组草莓第六天的腐烂率为 84.50%。所以，用复配后的壳低聚糖对草莓进行保鲜，保鲜效果很好，其效果优于单一壳聚糖，其中以 1∶1 和 1∶3 比例混合的壳低聚糖涂膜效果最好。见表 6-1。

表 6-1 不同分子量配比的壳低聚糖溶液对草莓腐烂率的影响

时间（天）	对照组	腐烂率（%）			
		1∶0	1∶1	1∶3	3∶1
1	22.68	8.33	2.75	4.12	8.48
3	42.35	19.50	14.20	18.35	19.55
6	84.50	70.40	66.80	69.20	69.3

由于新鲜果蔬在采摘后随着时间的延长，果蔬呼吸强度会增加，果蔬逐渐成熟直至衰老，维生素 C 含量也不断下降。以 1∶0、1∶1、1∶3、3∶1 比例混合的壳低聚糖溶液涂膜草莓，并测定维生素 C 含量。用配比为 1∶1 的壳低聚糖混合液处理的草莓，第一天维生素 C 含量为每 100 克溶液 39.1 毫克；第六天维生素 C 含量为每 100 克溶液 29.20 毫克，维生素 C 含量仅下降了 25.78%。而未涂膜壳低聚糖的对照组草莓维生素 C 含量下降了 41.36%。可见，混合壳低聚糖涂膜对水果草莓的保鲜效果明显好于未涂膜的草莓。

随着水果在储存期间蛋白质会不断下降，水分不断减少，营养会逐渐流失。用不同配比的壳低聚糖溶液涂膜草莓，测定蛋白质含量。配比为 1∶1 的壳低聚糖混合液处理的草莓，第一天蛋白质含量 3 毫克/克，第六天蛋白质含量下降到 1.29 毫克/克，下降了 57%；配比为 1∶3 的壳低聚糖混合液处理的草莓，第一天蛋白质含量 3 毫克/克，第六天蛋白质含量下降到 1.29 毫克/克，下降了 57%；但对照组草莓的蛋白质含量下降了 80%。可见壳低聚糖涂膜对保护蛋白质明显优于对照组。

随着储藏时间的延长，新鲜采摘的草莓总酸含量会下降。用配比为 1∶1 的壳低聚糖混合液处理的草莓，在储藏第一天总酸量为 0.5%，储藏第六天总酸量为 0.28%，总酸含量下降了 44%；而对照组总酸含量下降了 62%。可见用壳低聚糖涂膜处理的草莓，由于其呼吸强度放缓，总酸含量下降幅度减慢。

由此可见，低分子量壳聚糖能显著降低草莓腐烂率，保护水果蛋白质，保证草莓水分，使草莓保鲜期延长 2～3 天，经过壳低聚糖涂膜的草莓外观与口感明显优于未涂膜的草莓。壳低聚糖在其他水果保鲜方面也有同样效果。

四、在畜牧业和渔业方法的应用

我国饲料工业的发展已走在世界前列，但饲料添加剂却比较滞后。目前的饲料添加剂主要是氨基酸、维生素、矿物质、抗生素、防虫防霉等方面，有创造性的添加剂很少。

目前，在畜牧养殖业中，由于药物添加剂的应用造成的生态危害已引起人们的重视。在动物饲养中，人们常常用抗生素来预防疾病、防治病菌感染、促进动物生长。但抗生素的长期使用，使病菌产生耐药性，并且在杀灭有害菌时也杀灭有益菌，在动物体内也有药物残留，是畜产品品质受到严重影响。

而壳低聚糖作为添加剂有广阔的市场，壳低聚糖可促进双歧杆菌增加，促进钙吸收，促进肠道功能，增强机体免疫力，促进动物生长发育。因此，壳低聚糖可作为饲料添加剂，它无毒、无副作用，可提高畜产品品质。壳低聚糖可促进动物生长发育，增加肠道功能，提高机体免疫力，促进消化吸收，调节营养平衡，所以是一种非常有效的饲料添加剂。

壳低聚糖在养禽业中也有很好的作用，壳低聚糖有促进双歧杆菌增加，能调节动物肠道内的微生物活动，改善肠道内的微生物分布，提高机体免疫力，使肠道 pH 下降，抑制肠道内有害菌生长，产生 B 族维生素，分解致癌物质，促进肠道蠕动，增加蛋白质吸收。在仔鸡饲养中，添加壳低聚糖饲料，能提高肉仔鸡消化吸收功能，改善肉品质，促进肉仔鸡生长。在鸭、鹌鹑的饲养中，添加壳低聚糖饲料，能明显提高禽类机体免疫力，改善胆固醇水平和脂肪沉积，改善肉品质，提高生长性能。

在对虾养殖中，应用壳低聚糖添加剂，在不增加任何设施和生产成本的情况下，对虾显示出明显的抗病活性。我国的对虾养殖中，每年因虾病造成的损失有数十亿元。壳低聚糖添加剂不仅可增强对虾、青虾的免疫力，抑制虾病蔓延，提高成活率，还可避免巨大的经济损失，社会效益非常可观。

五、在化妆品中的应用

作为化妆品材料应具备三大功能：防老化、美白和保湿。壳低聚糖来源于生物提取物，具有优良的保湿性能，同时可活化表皮细胞，增强皮肤弹性，应用于护肤、美容、抗衰老等化妆品的生产。

分子质量相对较小的壳低聚糖可渗入皮肤毛孔，消除由于微生物积累而引起的黑色素和色斑。壳低聚糖分子中的游离氨基可与重金属螯合，对金属离子进行封锁，从而提高化妆品的质量。壳低聚糖可完全溶于水中，具有很好的吸湿、保湿、抑制细菌的作用，可改善皮肤和毛发的保湿功能。

六、在食品保鲜中的应用

脂肪食品中如果有金属离子，则会对脂肪自动氧化起加速作用，从而导致食品腐败。由于壳低聚糖中含有大量氨基和羟基，可与多种金属离子形成配合物，从而减缓食品的腐败。壳低聚糖可与脂肪食品（如鲜肉）中的活性氧发生反应，清除掉引起氧化反应的活性氧，起到食品保鲜的作用。壳低聚糖有良好的水溶性，可以与鲜肉中游离的脂肪酸充分接触，形成稳定的复合物，这种复合物可与几倍于其体积的脂肪结合，形成稳定的结构。壳低聚糖通过结合游离的脂肪酸起到抗脂肪水解的作用。

壳低聚糖的水溶液可作为水果保鲜剂，对芒果等水果有很好的保鲜效果。它还能提高水果的保水性及水分活性的调节等。

以壳低聚糖为主要成分，配以其他具有抗氧化作用和防腐作用的天然物质，制成天然防腐剂，应用于食品中，具有防腐、抗氧化的综合作用，可延长产品保质期，减少化学物质对人体的危害，是新型的天然食品添加剂。

第三节　壳低聚糖的发展前景

随着近年研究的深入，低聚糖所具有的独特生理活性和独特功能性质，使得其应用日益广泛。我国的壳低聚糖的研究与发展也极具潜力。目前应用最为广泛的是在保健食品方面，其他各个方面的应用也日益成熟并正逐步形成规模。

　　壳低聚糖作为小分子在调控生理和病理过程中作用显著，能影响生理及病理的过程，这方面的研究还有待进一步深入。由于小分子极具亲合力和渗透力，很容易透过人体细胞膜，改善微循环，从根本上改善和恢复人体的生理机能，有关方面的探讨已激发起了人们研究的热情。

　　关于低聚糖及糖缀合物的化学研究，如：制备分离，检测、鉴定等方法手段的提高、最佳分子量范围及所对应的生物功能等，这些方向给生物化学工作者提供了巨大的研究空间及发展机会。

参 考 文 献

安胜姬.1999.二异氰酸脂与壳聚糖交联产物对金属离子的吸附性能 [J].
　长春科技大学学报，29（2）：197-199.

曹馨月，齐海萍.2012.壳聚糖涂膜在果蔬保鲜中的应用研究进展 [J].安
　徽农业科学，40（33）：16336-16338.

陈忻，袁毅桦，等.2010.羧甲基壳聚糖和稀土联合使用处理印染废水[J].
　环境科学与技术，33（1）：154-158.

刁春英，毕阳，等.2013.壳聚糖对苹果梨抗菌物质及抗性酶活性的诱导
　[J].食品研究与开发，2：102-105.

董学畅，杨燕兵.2002.甲壳素和壳聚糖应用研究新动向 [J].云南民族学
　院学报：自然科学版，1：566-584.

杜昱光.2009.壳寡糖的功能研究及应用 [M].北京：化学工业出版社.

高礼.2008.壳聚糖应用于水处理的化学基础 [J].水科学与工程技术（增
　刊）：9-12.

葛华才，王森康，等.2012.乙二胺改性壳聚糖对 Cu^{2+} 的吸收 [J].广东化
　工，13：181-182.

胡文云，卢桦.2013.壳聚糖絮凝剂去除水源水浊度 [J].武汉工程大学学
　报，1：12-15.

贾西灵，杨志谟，等.2013.壳聚糖处理对青蚕豆贮藏品质的影响 [J].北
　方园艺（12）：132-135.

蒋挺大.2007.壳聚糖 [M].第二版.北京：化学工业出版社.

李桂峰.2005.可食性膜对鲜切葡萄生理生化及保鲜效果影响的研究 [D].
　杨凌：西北农林科技大学：25-28.

李丽丽，刘蕾，等.2013.两种低分子量壳聚糖对草莓保鲜的研究 [J].广
　州化工，6：124-127.

李乃胜，等.2008.中国海洋水产品现代加工技术与质量安全 [M].北京：
　海洋出版社.

李兆龙，陶薇薇 . 1991. 甲壳和贝壳的综合利用 [M]. 北京：海洋出版社 .

李宗磊，王明力 . 2006. 纳米 SiO_x/壳聚糖复合涂膜剂的制备及在富士苹果保鲜中的应用研究 [J]. 贵州工业大学学报：自然科学版，35（2）：99 - 102.

刘开华，等 . 2013. 含茶多酚的壳聚糖涂膜对青椒的保鲜效果研究 [J]. 中国食品添加剂，2：224 - 228.

刘强 . 2012. 用壳聚糖从金矿工业废水中吸附重金属 [J]. 黄金，9：64.

刘智峰 . 2012. 改性壳聚糖在焦化废水处理中的应用 [J]. 杭州化工，43（4）：22 - 24.

吕全建，王建玲，等 . 2007. 绿色饲料添加剂甲壳素、壳聚糖的应用前景 [J]. 河南农业科学，2.

马万征，陈冬，等 . 2013. 壳聚糖—活性炭复合材料处理印染废水的研究 [J]. 山东科技大学：自然科学版，6：55 - 58.

任邦来，李云 . 2013. 壳聚糖对油桃保鲜效果的影响 [J]. 中国食品与营养，19（5）：31 - 34.

尚玉婷，陈莉 . 2013. 壳聚糖-TiO_2复合絮凝剂的制备及其在印染废水处理中的应用 [J]. 天津工业大学学报，6：56 - 60.

石中亮，王传胜，等 . 2007. 壳聚糖絮凝剂处理制浆造纸废水的研究 [J]. 沈阳化工学院学报（21）.

水茂兴，马国瑞，等 . 2001. 壳聚糖添加助剂保鲜草莓的效应 [J]. 浙江大学学报，27（3）：343 - 344.

陶永元，舒康云，等 . 2012. 茶多酚与壳聚糖复配对草莓保鲜效果的影响 [J]. 中国食品添加剂，5：224 - 230.

王爱勤，等 . 2008. 甲壳素化学 [M]. 北京：科学出版社 .

王劲松，栗学俐 . 2013. 壳聚糖复合保鲜剂对鸡蛋保鲜效果的比较研究[J]. 湖北农业科学，5：2130 - 2134.

吴非，周巍，张秀玲 . 2003. 壳聚糖膜剂的研制及其对辣椒的保鲜效果[J]. 中国蔬菜（3）：17 - 19.

吴云辉 . 2009. 水产品加工技术 [M]. 北京：化学工业出版社 .

夏强，李琛 . 2013. 壳聚糖及其衍生物在废水处理中的应用进展 [J]. 化工技术与开发，3：86 - 88.

咸月，马晶晶，等 . 2013. 负载壳聚糖的膨润土对含酚废水的吸附动力学研究 [J]. 污染防治技术，4：7 - 10.

肖丽娜.2010. 壳聚糖的酶降解法讨论 [J]. 哈尔滨工业大学学报：自然科学版, 1.

杨娟侠, 等.2013. 壳聚糖对低温冷藏"红栗2号"板栗防腐保鲜效果的影响 [J]. 安徽农学通报, 19 (12)：108-110.

尹爱国, 等.2013. 壳寡糖的制备及其抑菌性能的研究 [J]. 甘肃科学学报, 6：40-42.

尤行宏, 吴勇, 等.2005. 低分子壳聚糖对实验性糖尿病大鼠血糖的调节作用 [J]. 湖北中医学院学报, 3：18-20.

袁蒙蒙, 等.2013. 壳聚糖涂膜对西葫芦保鲜效果的研究 [J]. 食品研究与开发, 3：101-104.

袁毅桦, 赖兴华, 等.1994. 壳聚糖常温保鲜番茄的研究 [J]. 食品科学 (7)：62-65.

张伟娜, 代增英, 等.2012. 壳聚糖对鲜切苹果的保鲜效果 [J]. 郑州轻工业学院学报：自然科学版, 10：21-24.

赵姝琦, 欧晓霞.2013. 壳聚糖吸附印染废水中结晶紫的效果研究 [J]. 环境科学与管理, 6：124-127.

Ghasemnezhad M, Nezhad M A, Gerailoo S. 2011. Changes in postharvest quality of Loquat (Eriobotrya japonica) Fruits Influenced by Chitosan [J]. Hort Environ Biotechnol, 52 (1)：40-45.

图书在版编目（CIP）数据

虾蟹壳再利用实用技术 / 肖丽娜等主编 . —北京：
中国农业出版社，2014.12（2015.3重印）
ISBN 978 - 7 - 109 - 19836 - 4

Ⅰ.①虾…　Ⅱ.①肖…　Ⅲ.①虾类-壳-固体废物利
用②蟹类-壳-固体废物利用　Ⅳ.X714

中国版本图书馆 CIP 数据核字（2014）第 279264 号

中国农业出版社出版
（北京市朝阳区麦子店街 18 号楼）
（邮政编码 100125）
责任编辑　魏兆猛　贺志清

———————————

中国农业出版社印刷厂印刷　　新华书店北京发行所发行
2014 年 11 月第 1 版　2015 年 3 月北京第 2 次印刷

———————————

开本：850mm×1168mm　1/32　印张：4.75
字数：105 千字　印数：2 001～3 000 册
定价：20.00 元
（凡本版图书出现印刷、装订错误，请向出版社发行部调换）